U0169995

江苏活字印书

江澄波⊙著

江澄波近影

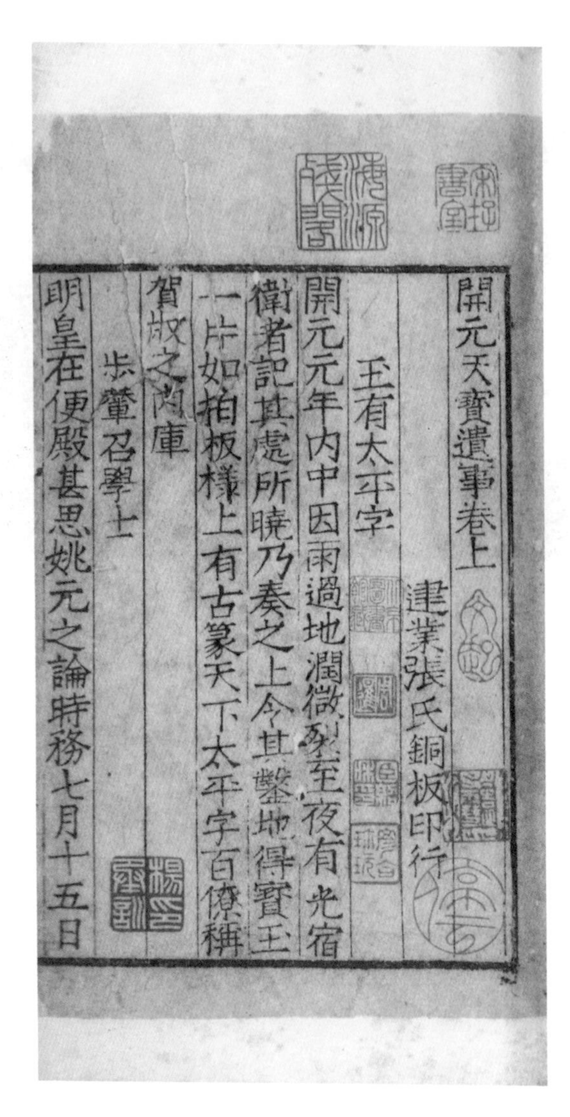

開元天寳遺事卷上

建業張氏銅板印行

玉有太平字

開元元年内中因雨過地潤微裂至夜有光宿衛者記其處所曉乃奏之上令其鑿地得寳玉一片如拍板様上有古篆天下太平字百僚稱賀收之内庫

歩輦召學士

明皇在便殿甚思姚元之論時務七月十五日

开元天宝遗事　明建业张氏铜活字本　国家图书馆藏

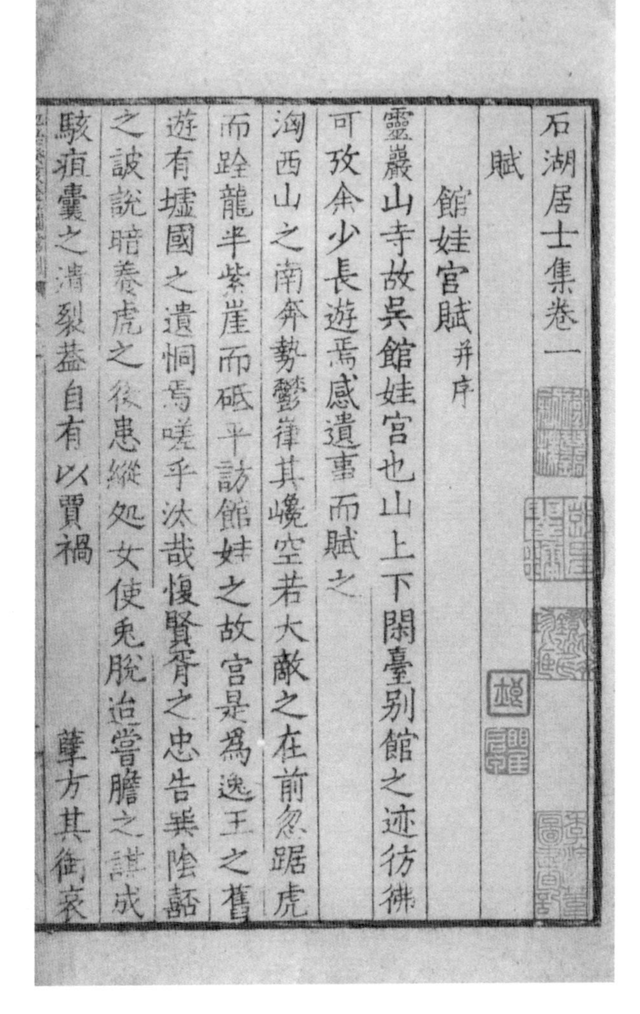
石湖居士集卷一

賦

館娃宮賦并序

靈巖山寺故吳館娃宮也山上下開臺別館之迹彷彿可攷余少長遊焉感遺事而賦之

洶西山之南奔勢鬱嵂其巉空若大敵之在前忽踞虎而跧龍半紫崖而砥平訪館娃之故宮是為逸王之舊遊有墟國之遺恫焉嗟乎汰哉愎賢胥之忠告巽陰嚭之詖說暗養虎之後患縱兕女使免脫迨嘗膽之謀成駭疽囊之潰裂蓋自有以買禍孽方其衘哀

石湖居士集　明弘治十六年金兰馆铜活字印本　国家图书馆藏

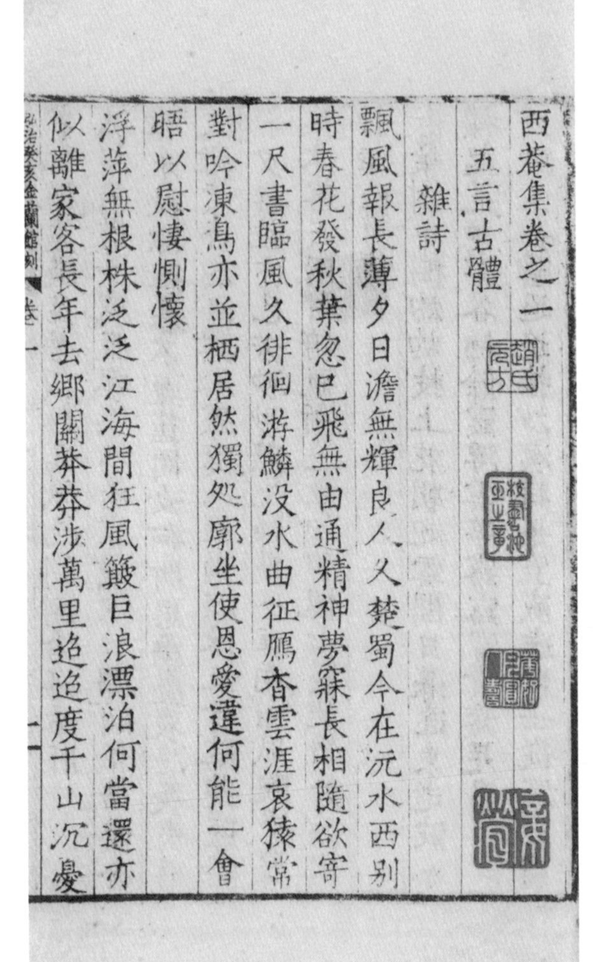
西菴集卷之一

五言古體

雜詩

飄風報長薄夕日澹無輝良人久羇蜀今在沅水西别時春花發秋葉忽已飛無由通精神夢寐長相隨欲寄一尺書臨風久徘徊游鱗没水曲征鴈杳雲涯哀猿常對吟凍鳥亦並栖居然獨處廓坐使恩愛違何能一會晤以慰悽惻懷

浮萍無根株泛泛江海間狂風簸巨浪漂泊何當還亦似離家客長年去鄉關莽莽涉萬里迢迢度千山沉憂

弘治癸亥金蘭館刻　卷一　一

西庵集　明弘治十六年金兰馆铜活字印本　傅增湘跋
国家图书馆藏

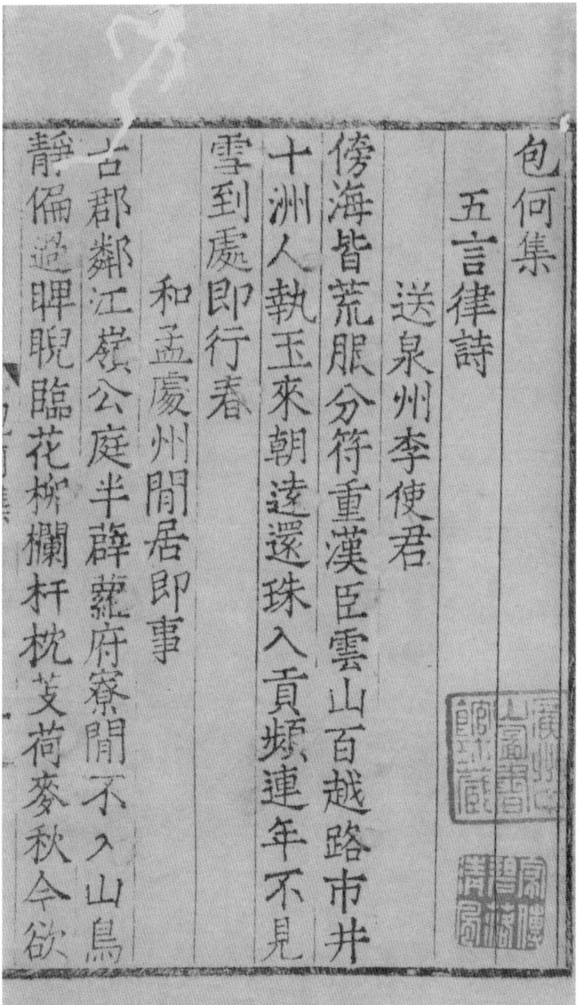

包何集

五言律詩

送泉州李使君

傍海皆荒服分符重漢臣雲山百越路市井十洲人執玉來朝遠還珠入貢頻連年不見雪到處即行春

和孟虔州閒居即事

古郡鄰江嶺公庭半薜蘿府寮閒不入山鳥靜偏過睥睨臨花柳欄杆枕芰荷麥秋今欲

包何集　明铜活字印本　广东省立中山图书馆藏

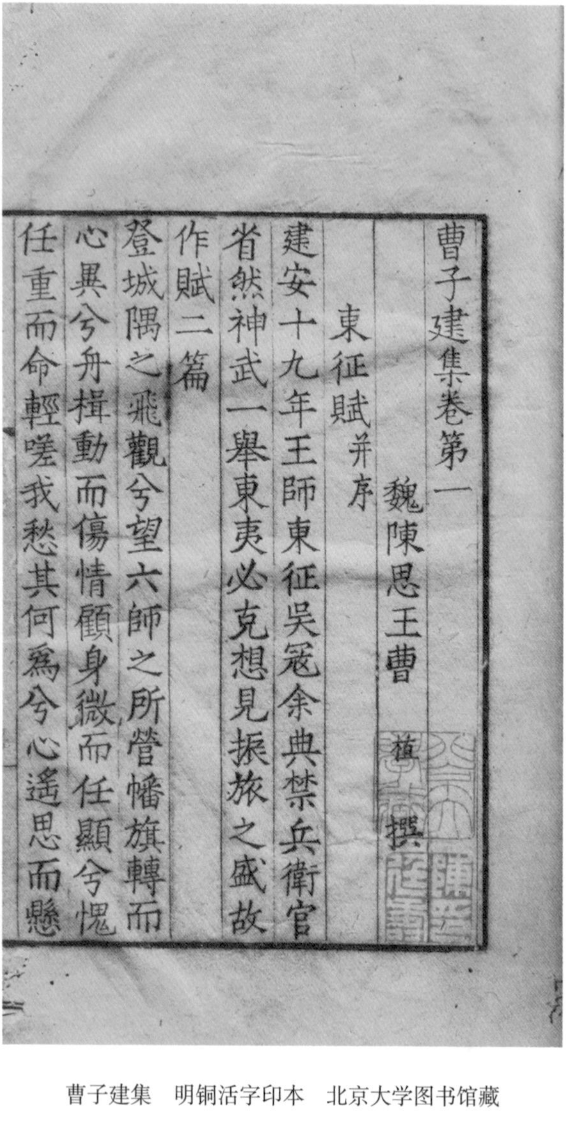

曹子建集卷第一

魏陳思王曹　植　撰

東征賦并序

建安十九年王師東征吴寇余典禁兵衛宫省然神武一舉東夷必克想見振旅之盛故作賦二篇

登城隅之飛觀兮望六師之所營幡旗轉而心異兮舟楫動而傷情顧身微而任顯兮愧任重而命輕嗟我愁其何爲兮心遥思而懸

曹子建集　明铜活字印本　北京大学图书馆藏

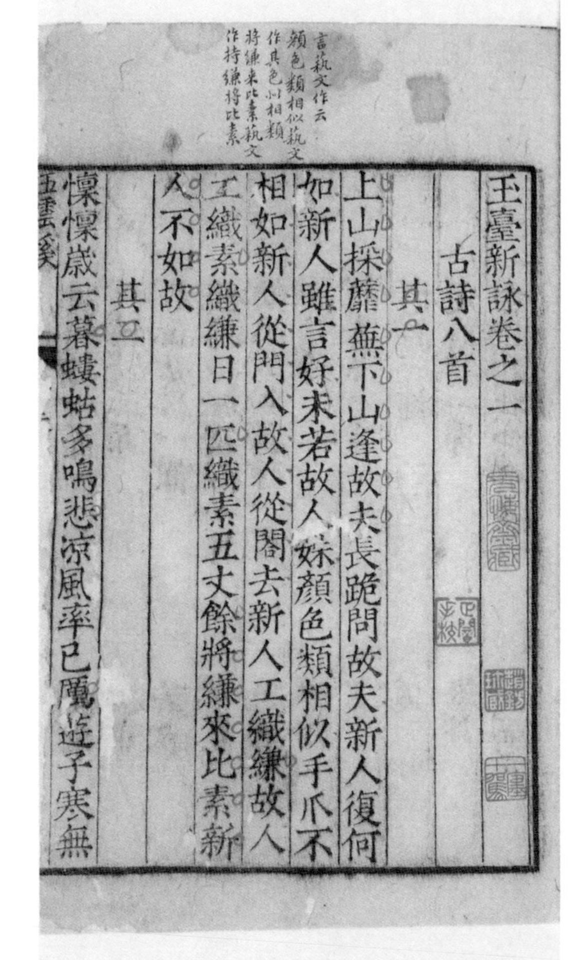

言藝文作云
顏色類相似藝文作其色似相類
將縑來比素藝文作持縑將比素

玉臺新詠卷之一

古詩八首

其一

上山採蘼蕪下山逢故夫長跪問故夫新人復何如新人雖言好未若故人姝顏色類相似手爪不相如新人從門入故人從閤去新人工織縑故人工織素織縑日一匹織素五丈餘將縑來比素新人不如故

其二

凜凜歲云暮螻蛄多鳴悲涼風率已厲遊子寒無

五雲溪

玉台新咏　明五云溪馆铜活字印本　国家图书馆藏

忽以此本相示宛然当年旧物阅后且三十六载余当[illegible]不去怀不
觉[illegible][illegible]丰城之[illegible]因题以归中翰其世珍藏毋堕落儋父可也
京山李维桢题

辛卯二月一日假冯氏校定本对读不独[illegible]其鲁鱼且并李之字[illegible]
至三日早晨讫
道人[illegible]顶

是月十五日借孙本笺录[illegible]同亦照冯本参是[illegible]点勘其不同处并用朱藏之
箧中俾补吟咏因忆此书余十六岁收藏时[illegible]均所刊同志爱之若珍后从钱
太史得京山李跋本勘过一次遂因华宗本字调集而秋[illegible]之秘至今阅十七年
乃得重勘可谓遂矣至尚人世推[illegible]发故[illegible]生不胜[illegible]之感读书旧志之士
十去八九此书校本亦湮没者多即余所藏自兵燹后百无一二惟兹与李调集在
几有年可谓幸矣故虽非宋刻亦不失为宋之旧[illegible]宝之箧中是当世珍
因示后之人毋忽焉孙即法[illegible]冯即二痴并记莫[illegible]峰清远堂南阳[illegible]
道人时在虞山南郭市宅也

玉台新咏　明五云溪馆铜活字印本　国家图书馆藏

此活字本亦不常見而所據乃宋本與趙靈均翻陳本又不同亡友吴佩伯以曹彬侯藏抄本又非靈均底本係馮二癡輩同時傳鈔見於錢遵王敏求記馮李等三跋勞巽卿曾錄於錢本中故偶有與靈均刻本異同處其非據趙本迻寫蓋可知也余假佩伯迻錄四年之久將以錄竟而佩伯墓木已拱追念曩日過從致訪之雅益深愴然 丙辰長至正闇學人

此中錄筆又一人手校者未出名字不可考為何氏且亦未卒業至五卷為止據文選校異同處為多間為據藝文初學記者其中言宋本作某則不知據何本也因附記之

羣碧校讀

玉台新咏　明五云溪馆铜活字印本　国家图书馆藏

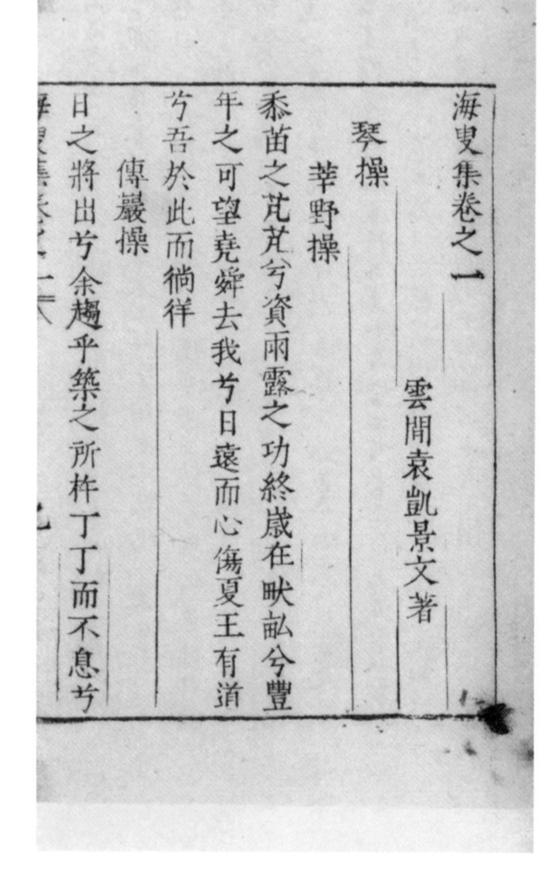

海叟集卷之一

雲間袁凱景文著

琴操

莘野操

黍苗之芃芃兮資雨露之功終歲在畎畝兮豐年之可望堯舜去我兮日遠而心傷夏王有道兮吾於此而徜徉

傅巖操

日之將出兮余趨乎築之所杵丁丁而不息兮

海叟集　明隆庆四年何玄之活字印本　南京图书馆藏

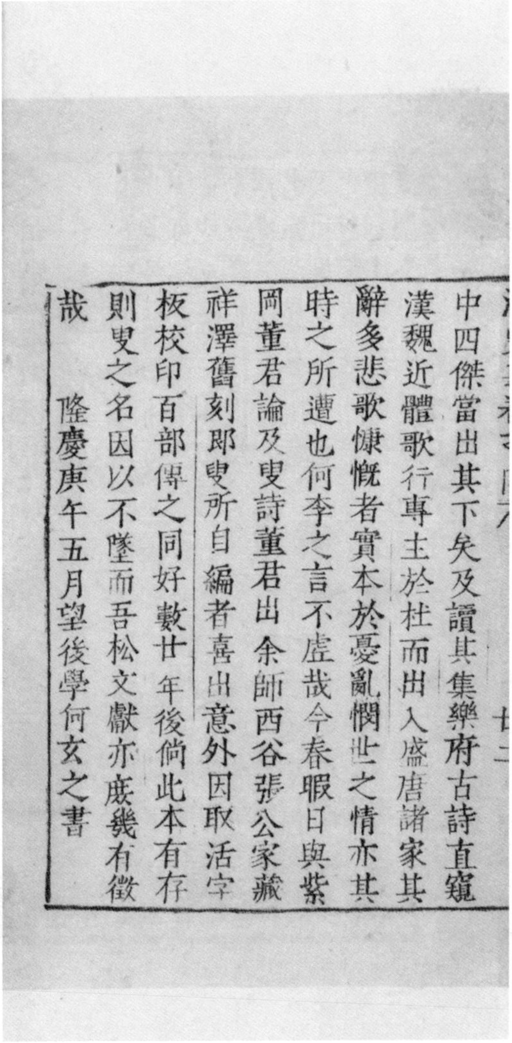

中四傑當出其下矣及讀其集樂府古詩直窺漢魏近體歌行專主於杜而出入盛唐諸家其辭多悲歌慷慨者實本於憂亂憫世之情亦其時之所遭也何李之言不虛哉今春暇日與紫岡董君論及叟詩董君出余師西谷張公家藏祥澤舊刻即叟所自編者喜出意外因取活字板校印百部傳之同好數廿年後倘此本有存則叟之名因以不墜而吾松文獻亦庶幾有徵哉

隆慶庚午五月望後學何玄之書

海叟集　明隆庆四年何玄之活字印本　南京图书馆藏

會通館集九經韻覽卷第八

十一先　先　銑　霰　屑

会通馆集九经韵览　　明弘治十一年华氏会通馆铜活字印本
宁波市天一阁博物馆藏

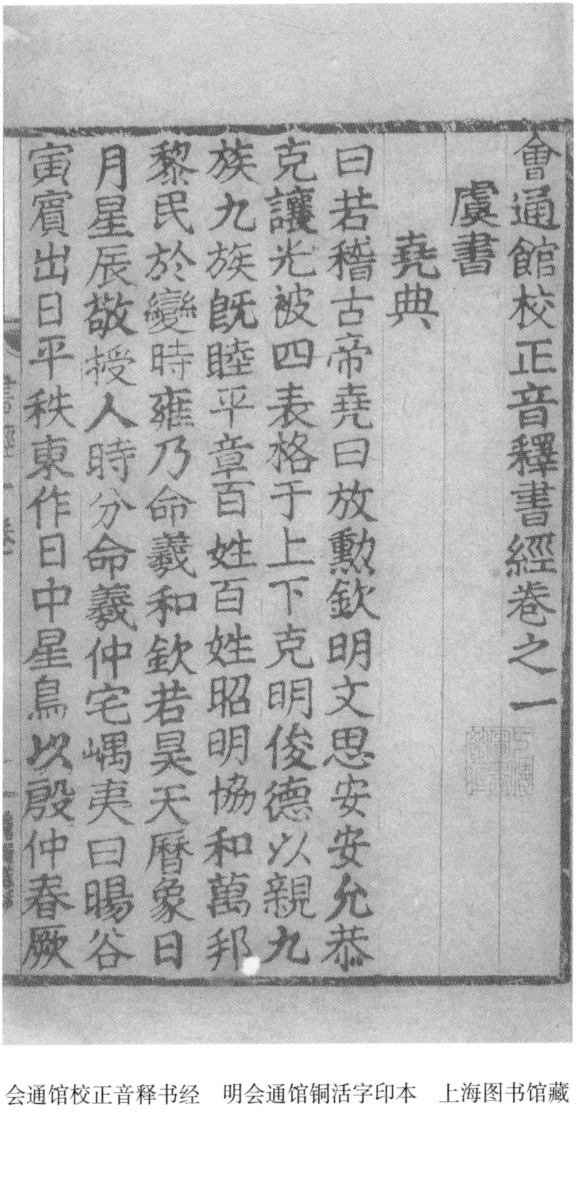

會通館校正音釋書經卷之一

虞書

堯典

曰若稽古帝堯曰放勳欽明文思安安允恭克讓光被四表格于上下克明俊德以親九族九族既睦平章百姓百姓昭明協和萬邦黎民於變時雍乃命羲和欽若昊天曆象日月星辰敬授人時分命羲仲宅嵎夷曰暘谷寅賓出日平秩東作日中星鳥以殷仲春厥

会通馆校正音释书经　明会通馆铜活字印本　上海图书馆藏

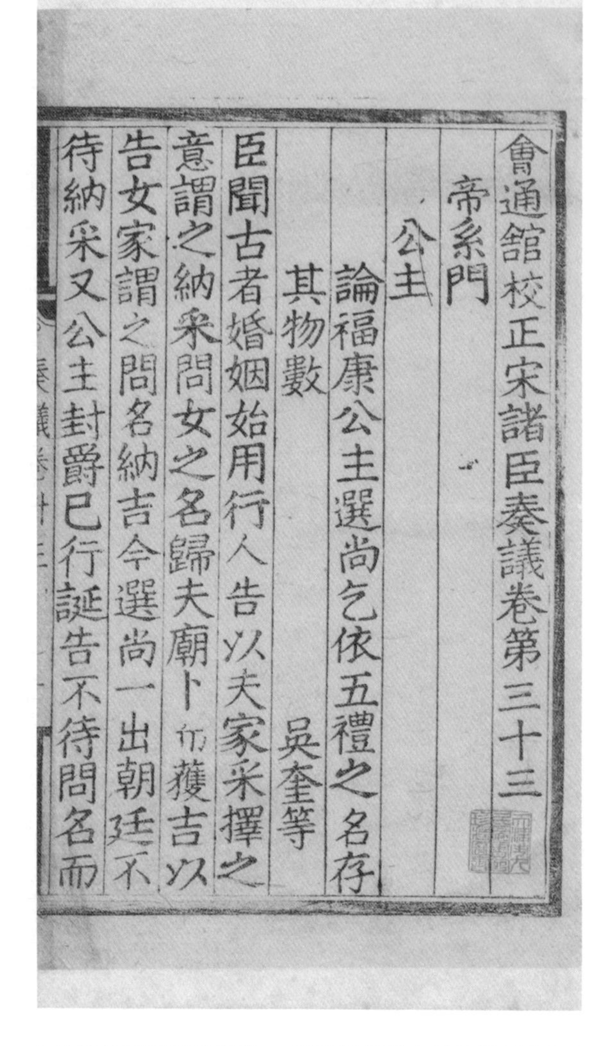

會通館校正宋諸臣奏議卷第三十三
帝系門
公主
論福康公主選尚乞依五禮之名存
其物數　吴奎等
臣聞古者婚姻始用行人告以夫家采擇之
意謂之納采問女之名歸夫廟卜而獲吉以
告女家謂之問名納吉今選尚一出朝廷不
待納采又公主封爵已行誕告不待問名而

会通馆校正宋诸臣奏议　明弘治华燧会通馆铜活字印本
天津图书馆藏

白氏長慶集卷第一 諷諭一 凡六十五首

賀雨

皇帝嗣寶曆，元和三年冬。自冬及春暮，不雨旱爞爞。上心念下民，懼歲成災凶。遂下罪己詔，殷勤制萬邦。帝曰予一人，繼天承祖宗。憂勤不遑寧，夙夜心忡忡。元年誅劉闢，一舉靖巴邛。二年戮李錡，不戰安江東。顧惟眇眇德，遽有巍巍功。或者天降沴，無乃儆予躬。上思荅天戒，下思致時邕。莫如率其身，慈和與儉恭。乃命罷進獻，乃命賑饑窮。宥死降五刑，責己寬三農。宫女出宣徽，廐馬減飛龍。庶政靡不舉，皆出自宸衷。奔騰道路人，傴僂田野翁。歡呼相告報，感泣涕沾胷。順人人心悅，先天天意從。詔下纔七日，和氣生沖融。凝爲悠悠雲，散作習習風。晝夜三日雨，淒淒復濛濛。萬心春熙

白氏长庆集　明正德八年华坚兰雪堂铜活字印本
首都师范大学图书馆藏

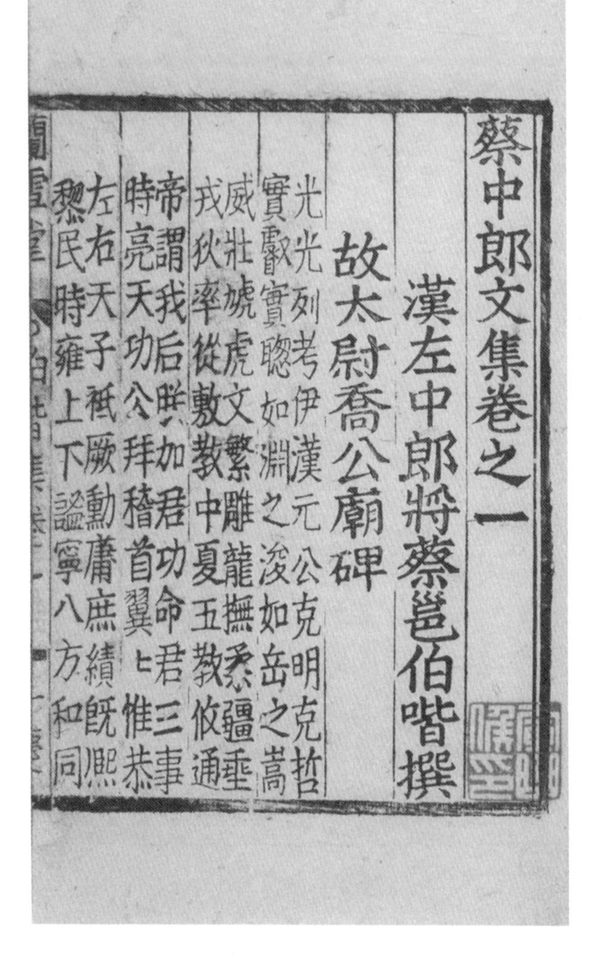
蔡中郎文集卷之一

漢左中郎將蔡邕伯喈撰

故太尉喬公廟碑

光光列考伊漢元公克明克哲
實叡實聰如淵之浚如岳之嵩
威壯虓虎文繁雕龍撫柔疆垂
戎狄率從敷教中夏五教攸通
帝謂我后朕加君功命君三事
時亮天功公拜稽首翼〻惟恭
左右天子祗厥勳庸庶績既熙
黎民時雍上下謐寧八方和同

蔡中郎文集　明正德十年华坚兰雪堂铜活字印本　黄丕烈跋
国家图书馆藏

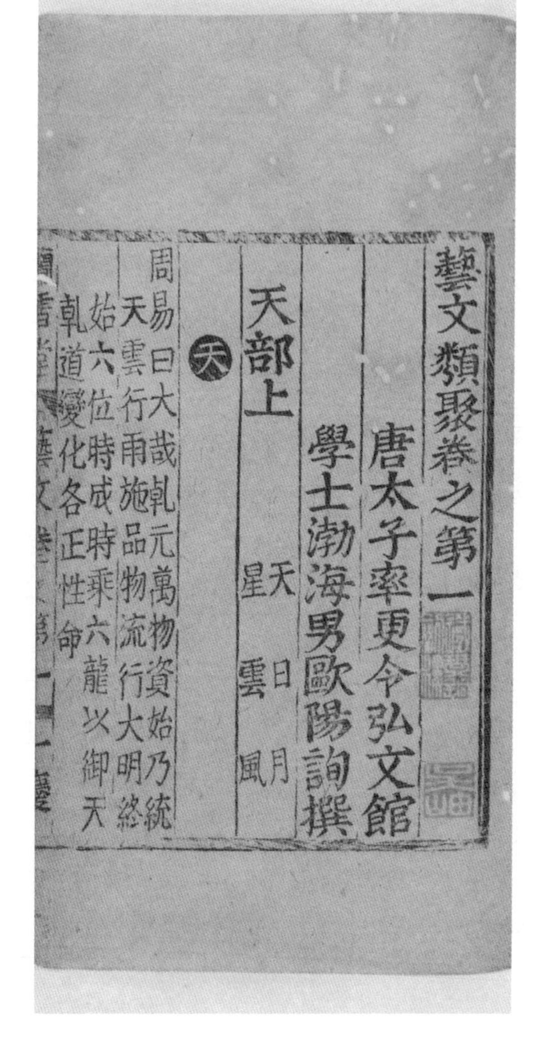
藝文類聚卷之第一
唐太子率更令弘文館
學士渤海男歐陽詢撰
天部上
天 日 月
星 雲 風
天
周易曰大哉乾元萬物資始乃統
天雲行雨施品物流行大明終
始六位時成時乘六龍以御天
乾道變化各正性命

艺文类聚　明正德十年华坚兰雪堂铜活字印本
国家图书馆藏

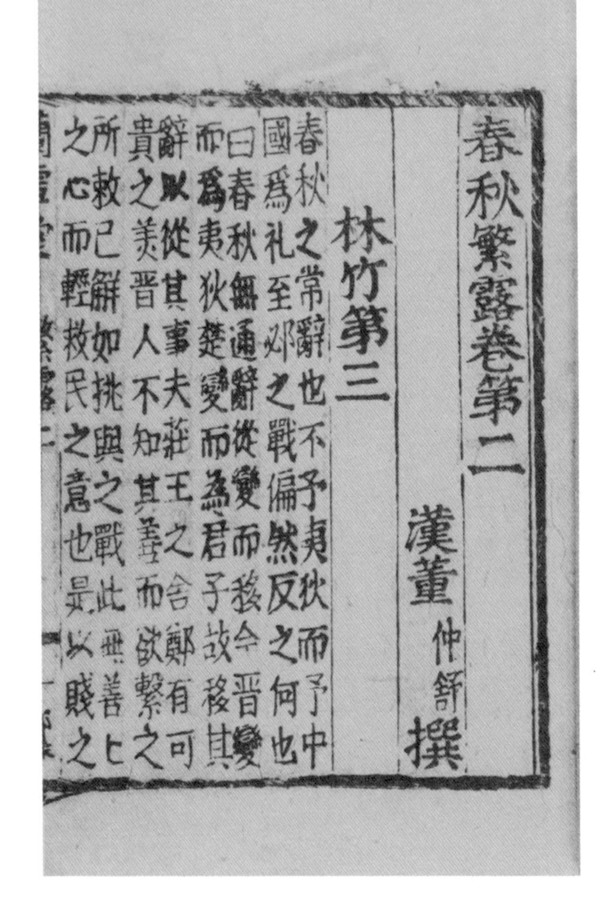

春秋繁露卷第二

漢董仲舒撰

林竹第三

春秋之常辭也不予夷狄而予中國爲礼至邲之戰偏然反之何也曰春秋無通辭從變而移今晉變而爲夷狄楚變而爲君子故移其辭以從其事夫莊王之舍鄭有可貴之美晉人不知其善而欲擊之所救已解如挑與之戰此無善善之心而輕救民之意也是以賤之

春秋繁露　明正德十一年锡山华坚兰雪堂铜活字印本
国家图书馆藏

春秋繁露卷第一

春秋繁露　明正德十一年锡山华坚兰雪堂铜活字印本
国家图书馆藏

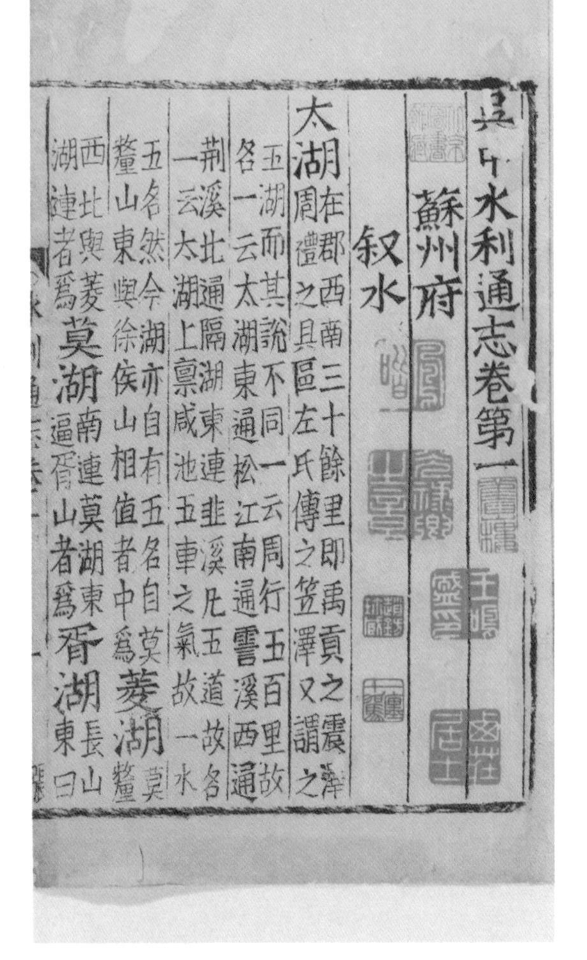

吳中水利通志卷第一

蘇州府

敘水

太湖在郡西南三十餘里即禹貢之震澤周禮之具區左氏傳之笠澤又謂之五湖而其說不同一云周行五百里故名一云太湖東通松江南通霅溪西通荆溪北通隔湖東連韭溪凡五道故名一云太湖上禀咸池五車之氣故一水五名然今湖亦自有五名自莫鼇山東與徐侯山相值者中爲菱湖莫鼇西北與菱湖連者爲莫湖南連莫湖東逼胥山者爲胥湖長山東曰

吳中水利通志　　明嘉靖三年安国铜活字印本
国家图书馆藏

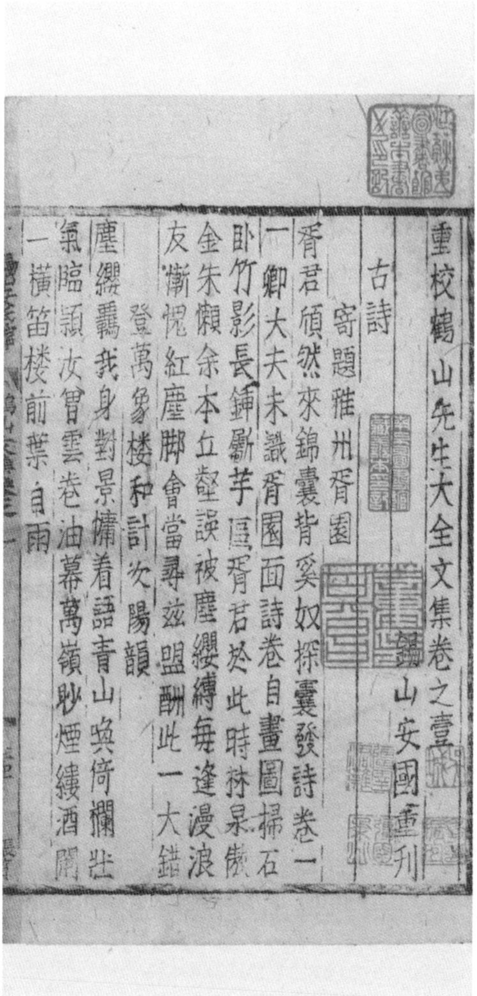

重校鶴山先生大全文集卷之壹

錫山安國重刊

古詩

寄題雅州胥園

胥君頎然來錦囊背奚奴探囊發詩卷一
一卿大夫未識胥園面詩卷自畫圖掃石
卧竹影長鋪斸芋區胥君於此時孫泉傲
金朱懶余本丘壑誤被塵纓縛每逢漫浪
友慚愧紅塵脚會當尋茲盟酬此一大錯

登萬象樓和計次陽韻

塵纓羈我身對景慵着語青山與倚欄壯
氣臨顥汝冒雲卷油幕萬嶺眇煙縷酒闌
一橫笛楼前葉自雨

重校鹤山先生大全文集　　明嘉靖安国铜活字印本
南京图书馆藏

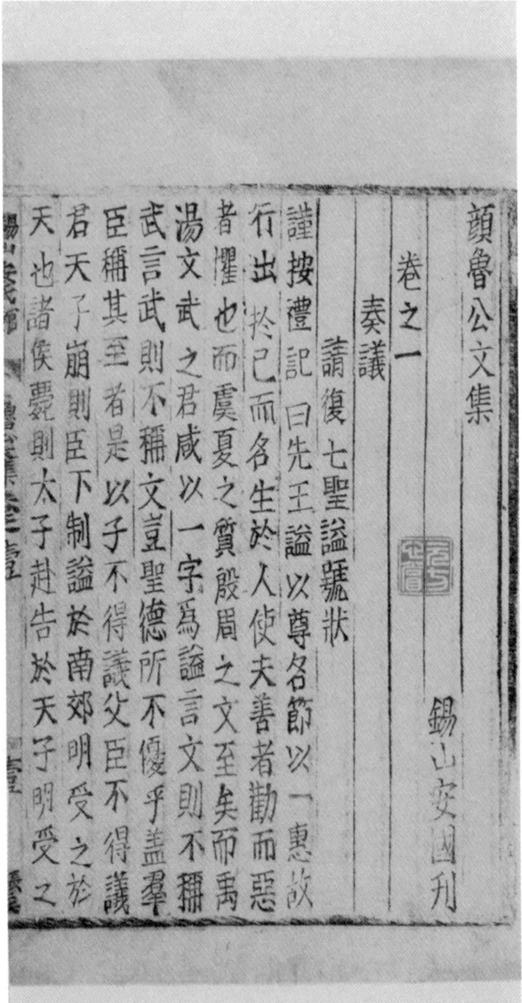

顏魯公文集

錫山安國刊

卷之一

奏議

請復七聖謚號狀

謹按禮記曰先王謚以尊名節以一惠故行出於已而名生於人使夫善者勸而惡者懼也而虞夏之質殷周之文至矣而禹湯文武之君咸以一字爲謚言文則不稱武言武則不稱文豈聖德所不優乎蓋羣臣稱其至者是以子不得議父臣不得議君天子崩則臣下制謚於南郊明受之於天也諸侯薨則太子赴告於天子明受之

颜鲁公文集　明嘉靖二年安国安氏馆铜活字印本
芷兰斋藏

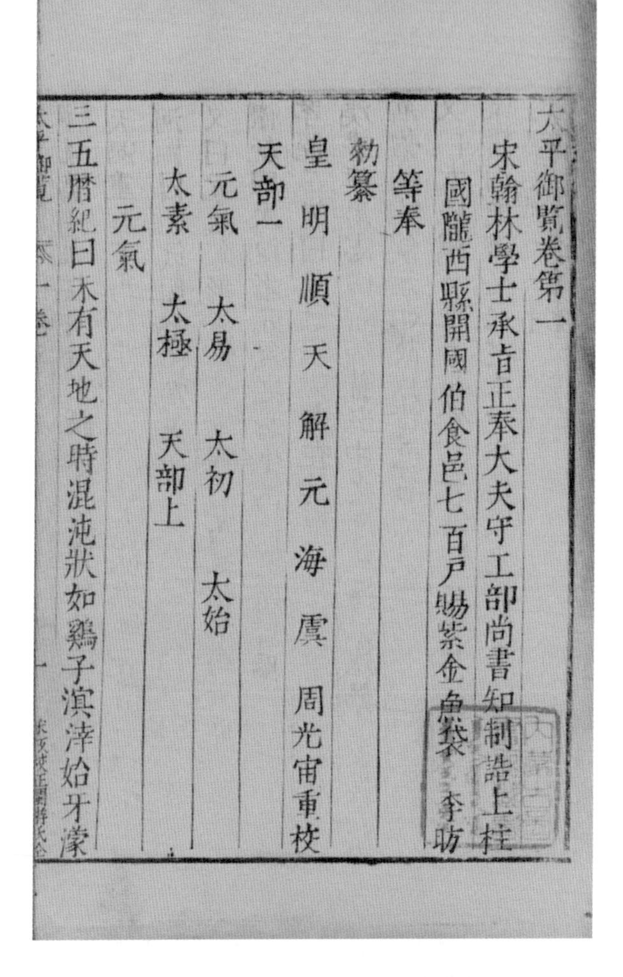
太平御覽卷第一

宋翰林學士承旨正奉大夫守工部尚書知制誥上柱

國隴西縣開國伯食邑七百戶賜紫金魚袋　李昉

等奉

勅纂

皇明順天解元海虞周光宙重校

天部一

元氣　太易　太初　太始

太素　太極　天部上

元氣

三五曆紀曰未有天地之時混沌狀如鷄子溟涬始牙濛

太平御览　明万历二年周堂铜活字印本
内蒙古自治区图书馆藏

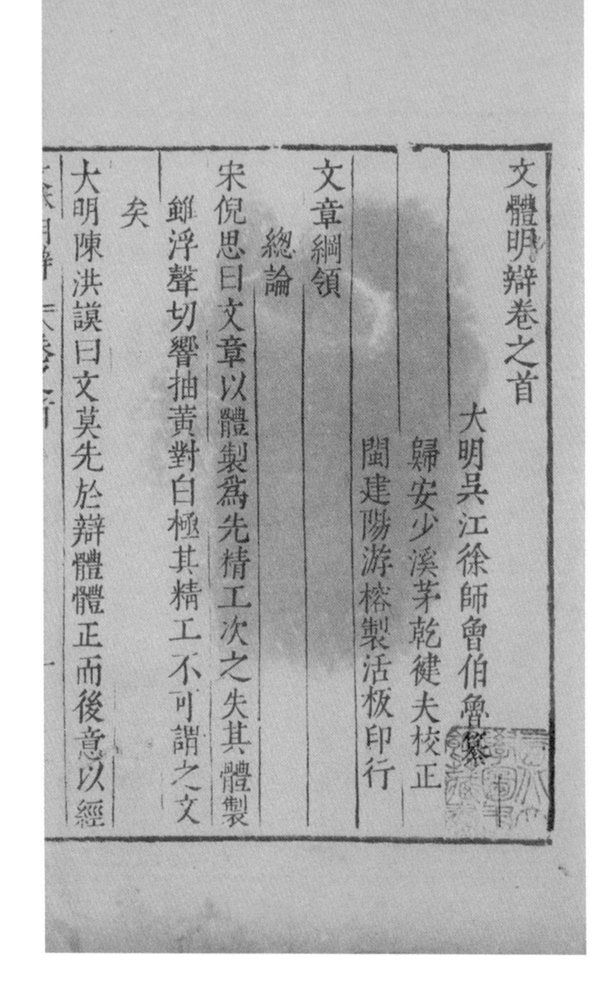

文體明辯卷之首

大明吳江徐師曾伯魯纂

歸安少溪茅乾健夫校正

閩建陽游榕製活板印行

文章綱領

總論

宋倪思曰文章以體製爲先精工次之失其體製雖浮聲切響抽黃對白極其精工不可謂之文矣

大明陳洪謨曰文莫先於辯體體正而後意以經

文体明辩　明万历游榕铜活字印本　西北大学图书馆藏

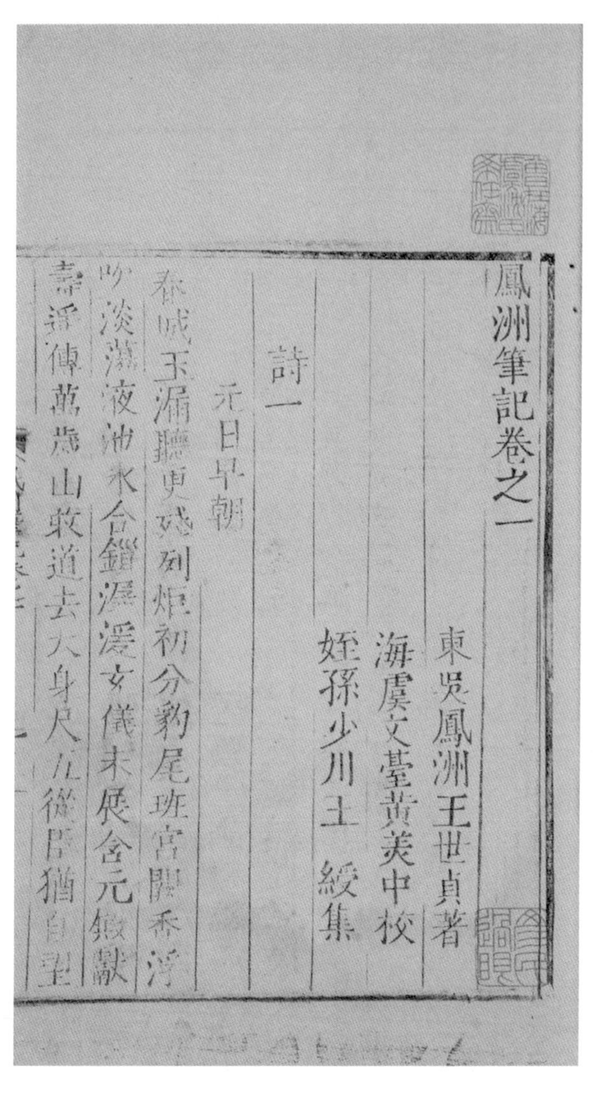
鳳洲筆記卷之一

東吳鳳洲王世貞著

海虞文臺黃美中校

姪孫少川王　綬集

詩一

元日早朝

春城玉漏聽更殘列炬初分豹尾班宮闕香浮

吵淡蕩液池氷合鎖潺湲女儀未展含元殿獻

壽爭傳萬歲山敕道去天身尺五從臣猶自望

凤洲笔记　明隆庆三年黄美中活字印本　国家图书馆藏

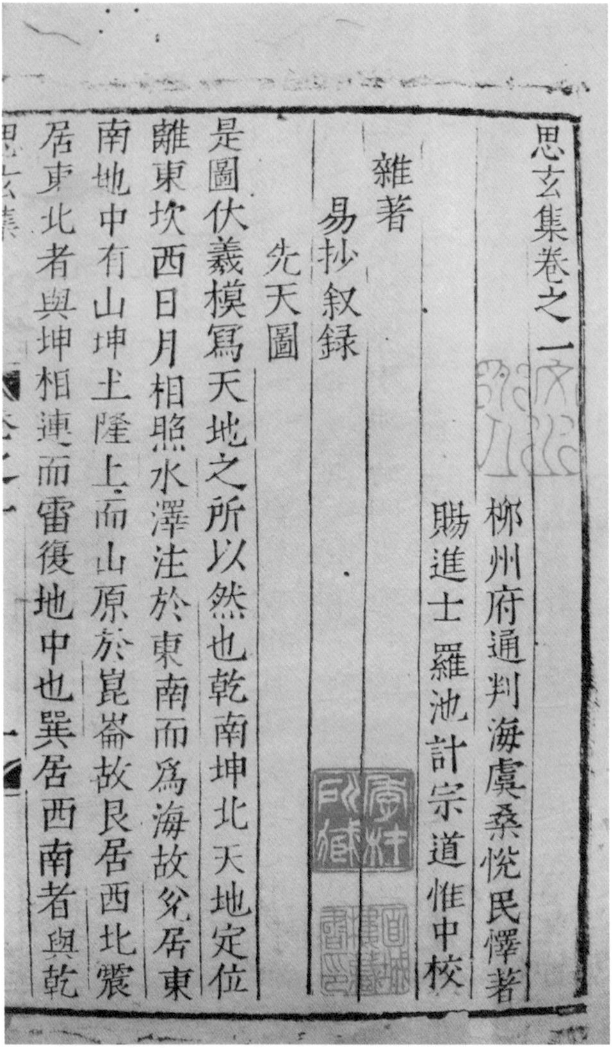

思玄集卷之一

郴州府通判海虞桑悅民懌著

賜進士羅池計宗道惟中校

雜著

易抄叙録

先天圖

是圖伏羲模寫天地之所以然也乾南坤北天地定位離東坎西日月相照水澤注於東南而爲海故兑居東南地中有山坤土隆上而山原於崑崙故艮居西北震居東北者與坤相連而雷復地中也巽居西南者與乾

思玄集　明万历二年桑大协活字印本　中山大学图书馆藏

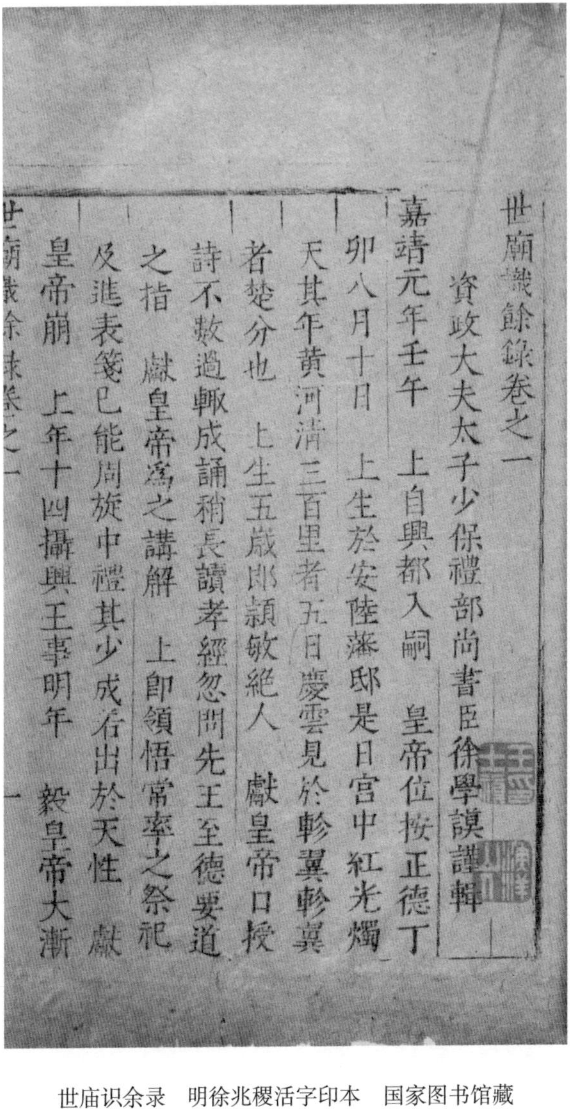

世廟識餘錄卷之一

資政大夫太子少保禮部尚書臣徐學謨謹輯

嘉靖元年壬午　上自興都入嗣　皇帝位按正德丁卯八月十日　上生於安陸藩邸是日宮中紅光燭天其年黃河清三百里者五日慶雲見於軫翼軫翼者楚分也　上生五歲即穎敏絕人　獻皇帝口授詩不數過輒成誦稍長讀孝經忽問先王至德要道之指　獻皇帝爲之講解　上即領悟常率之祭祀及進表箋已能周旋中禮其少成若出於天性　獻皇帝崩　上年十四攝興王事明年　毅皇帝大漸

世庙识余录　明徐兆稷活字印本　国家图书馆藏

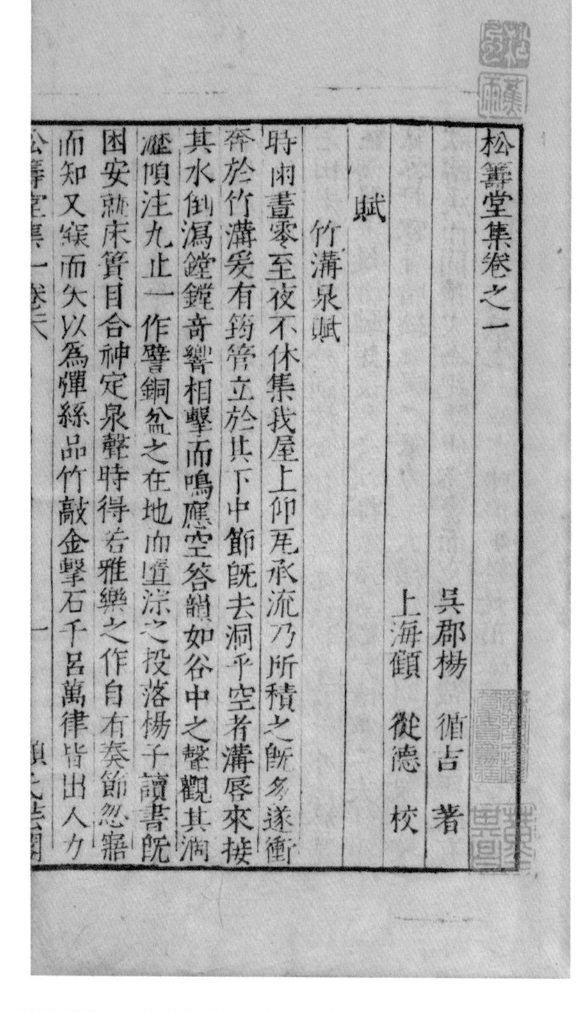

松籌堂集卷之一

吳郡楊　循吉　著

上海顧　從德　校

賦

竹溝泉賦

時雨晝零至夜不休集我屋上仰瓦承流乃所積之既多遂衝脊於竹溝爰有𥵃管立於其下中節既去洞乎空者溝唇來接其水倒瀉鏜鞳奇響相擊而鳴應空答韻如谷中之聲觀其滴瀝隕注九止一作譬銅盆之在地而簷淙之投落楊子讀書既困安就床瞑目合神定泉聲時得若雅樂之作自有奏節忽寤而知又寐而失以爲燀絲品竹敲金擊石千呂萬律皆出人力

松籌堂集　卷之一　一　顧氏芸閣

松筹堂集　明万历元年上海顾从德木活字本　苏州博物馆藏

遠還登樓粲粲新篇詠逈若風馬牛艮會誠亦難能歡渺滄洲

詠陟山大石和李少卿作

巍乎此陟山有石恠可韻形將水堀截勢與蓮花共仰觀一何
高登陟不可輕鳥飛必徊翔雲出自騰滃瓜圓外成嶠空朗中
含洞深思殆天設作至令人恐濃蘿垂作幰寒泉滴爲凍耳聽
或騈攢勒拳時獨送荒崖始誰開倒樹諒非種在玆三吳間當
以九鼎重曲躬方得門側身還入街拂苔勞容眠狀乳燕資用
志猶記秦餘材目遺禹貢立久氣濕袍蕭高聲答響一爲佛者
古來作游人奉鬼鑿手須胼鯨負背應痛懸磬風發鳴香爐煙
結供偷餘殿容檫就嘹亭閣棟枯滕蔓穿罅長蛇占橑纏輕清
受恬彈玲瓏脫泥塗炎伏凉自生清秋月堪弄林深必頻燭嵐

松籌堂集卷之一　　一　　顧氏

松筹堂集　明万历元年上海顾从德木活字本　苏州博物馆藏

是集原書十二卷今存一二兩卷目錄刻補書估欲充
全書以售其譎也是書為明萬曆元年上海顧從德所
校刻小字瘦硬有致頗為悅目從德復刻有覆宋本
內經王冰注二十四卷每半葉十行行大字二十小字三十亦
明板中之善本也予曾於郁任齋見之從德刻書之不
苟於此兩書可証是集舊藏汲古閣毛氏藝芸精舍汪氏
有兩家圖記後歸張隱南師亂中散出覯物思人雖
殘本亦亟收之書中有朱筆校改若干處字跡精妙不
知出于誰氏之手亦不知所據為何本也癸未夏五聽冰

松筹堂集　明万历元年上海顾从德木活字本　苏州博物馆藏

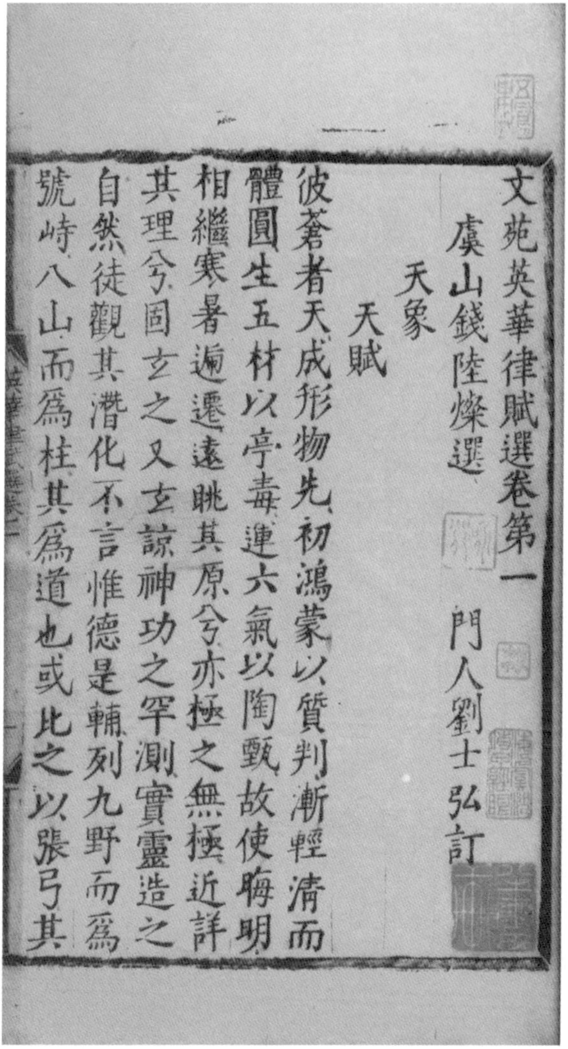

文苑英華律賦選卷第一

虞山錢陸燦選　門人劉士弘訂

天象

天賦

彼蒼者天成形物先初鴻蒙以質判漸輕清而體圓生五材以亭毒運六氣以陶甄故使晦明相繼寒暑遞遷遠眺其原兮亦極之無極近詳其理兮固玄之又玄諒神功之罕測實靈造之自然徒觀其潛化不言惟德是輔列九野而爲號峙八山而爲柱其爲道也或比之以張弓其

文苑英华律赋选　清康熙二十五年吹藜阁铜活字印本
南京图书馆藏

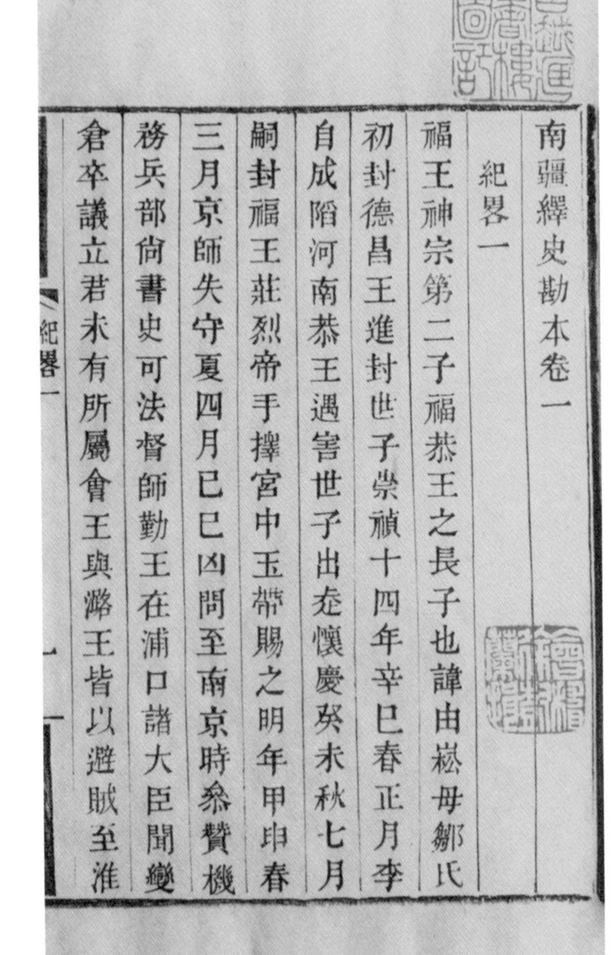
南疆繹史勘本卷一

紀畧一

福王神宗第二子福恭王之長子也諱由崧母鄒氏初封德昌王進封世子崇禎十四年辛巳春正月李自成陷河南恭王遇害世子出奔懷慶癸未秋七月嗣封福王莊烈帝手擇宮中玉帶賜之明年甲申春三月京師失守夏四月巳巳凶問至南京時叅贊機務兵部尚書史可法督師勤王在浦口諸大臣聞變倉卒議立君未有所屬會王與潞王皆以避賊至淮

紀畧一　一

南疆绎史勘本　清道光十年泥活字印本　绍兴图书馆藏

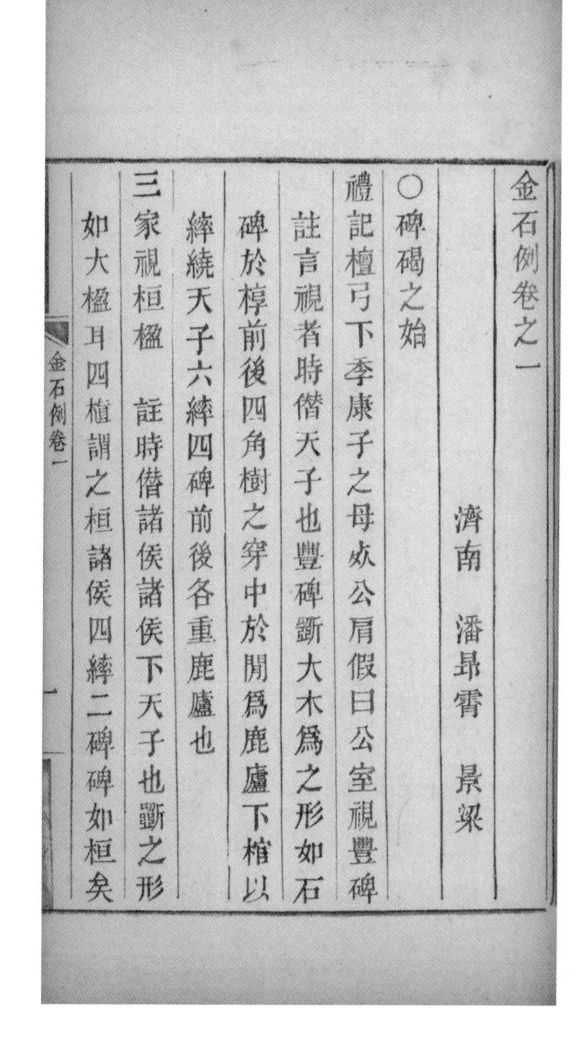

金石例卷之一

濟南　潘昂霄　景梁

○碑碣之始

禮記檀弓下季康子之母死公肩假曰公室視豐碑

註言視者時僭天子也豐碑斲大木爲之形如石碑於椁前後四角樹之穿中於閒爲鹿盧下棺以綍繞天子六綍四碑前後各重鹿盧也

三家視桓楹　註時僭諸侯諸侯下天子也斲之形如大楹耳四植謂之桓諸侯四綍二碑碑如桓矣

校补金石例四种　清道光十二年李氏（瑶）泥活字印本
河南省图书馆藏

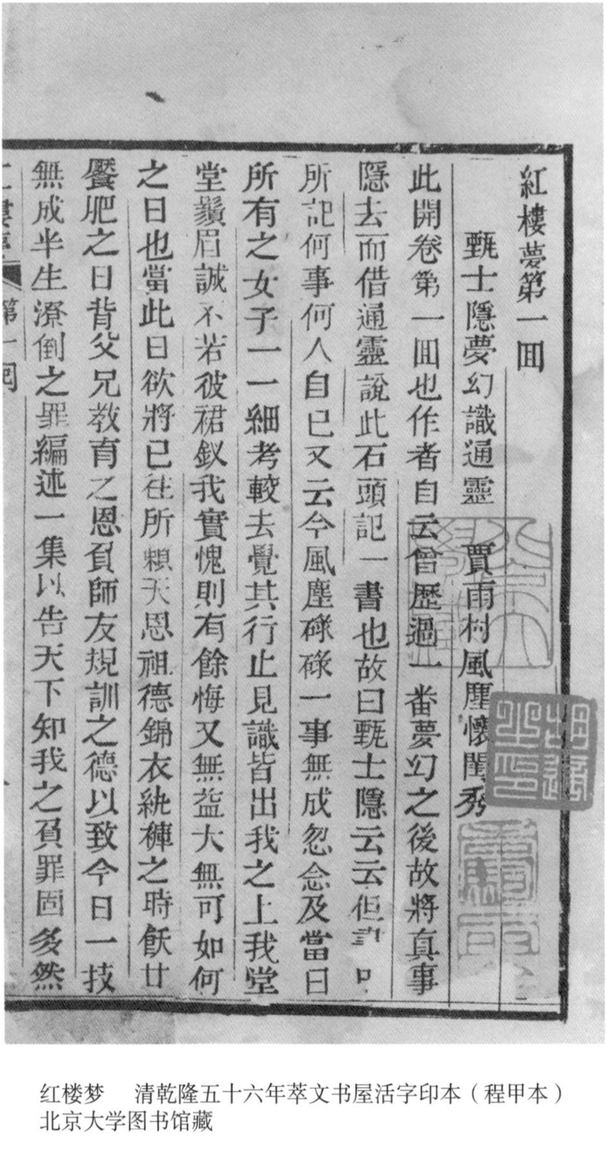

紅樓夢第一回

甄士隱夢幻識通靈　賈雨村風塵懷閨秀

此開卷第一回也作者自云曾歷過一番夢幻之後故將真事隱去而借通靈說此石頭記一書也故曰甄士隱云云但書中所記何事何人自已又云今風塵碌碌一事無成忽念及當日所有之女子一一細考較去覺其行止見識皆出我之上我堂堂鬚眉誠不若彼裙釵我實愧則有餘悔又無益大無可如何之日也當此日欲將已往所賴天恩祖德錦衣紈袴之時飫甘饜肥之日背父兄教育之恩負師友規訓之德以致今日一技無成半生潦倒之罪編述一集以告天下知我之負罪固多然

红楼梦　清乾隆五十六年萃文书屋活字印本（程甲本）
北京大学图书馆藏

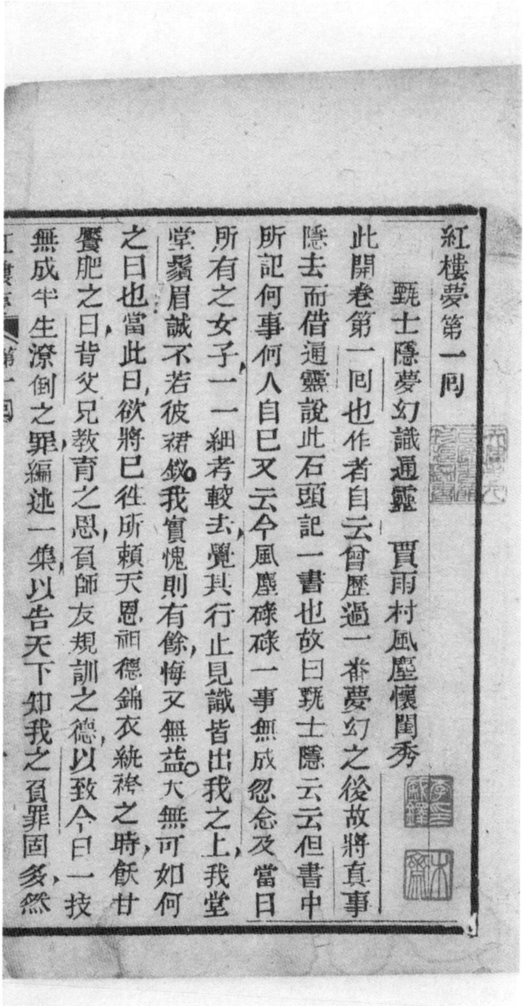

紅樓夢第一回

甄士隱夢幻識通靈　賈雨村風塵懷閨秀

此開卷第一回也作者自云曾歷過一番夢幻之後故將真事隱去而借通靈說此石頭記一書也故曰甄士隱云云但書中所記何事何人自已又云今風塵碌碌一事無成忽念及當日所有之女子一一細考較去覺其行止見識皆出我之上我堂堂鬚眉誠不若彼裙釵我實愧則有餘悔又無益大無可如何之日也當此日欲將已往所賴天恩祖德錦衣紈袴之時飫甘饜肥之日背父兄教育之恩負師友規訓之德以致今日一技無成半生潦倒之罪編述一集以告天下知我之負罪固多然

红楼梦　清乾隆五十七年萃文书屋活字印本（程乙本）
云南省图书馆藏

道光丙午三月擺成
安吳四種
白門倦游閣

安吳四种　道光二十六年白门倦游阁木活字印本
苏州文学山房藏

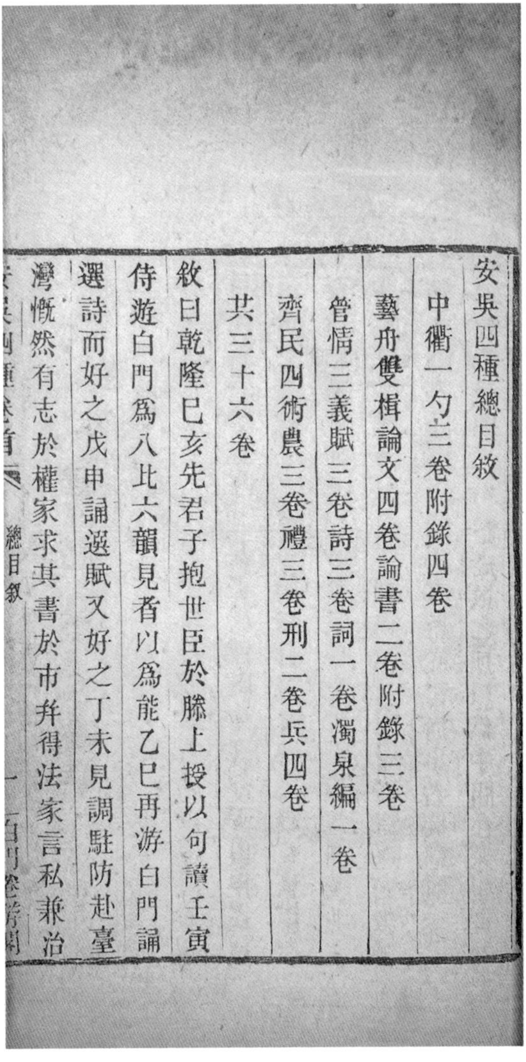

安吳四種總目敘

中衢一勺三卷附錄四卷

藝舟雙楫論文四卷論書二卷附錄三卷

管情三義賦三卷詩三卷詞一卷濁泉編一卷

齊民四術農三卷禮三卷刑二卷兵四卷

共三十六卷

敘曰乾隆己亥先君子抱世臣於膝上授以句讀壬寅侍遊白門爲八比六韻見者以爲能乙巳再游白門誦選詩而好之戊申誦選賦又好之丁未見調駐防赴臺灣慨然有志於權家求其書於市幷得法家言私兼治

安吴四种　道光二十六年白门倦游阁木活字印本

苏州文学山房藏

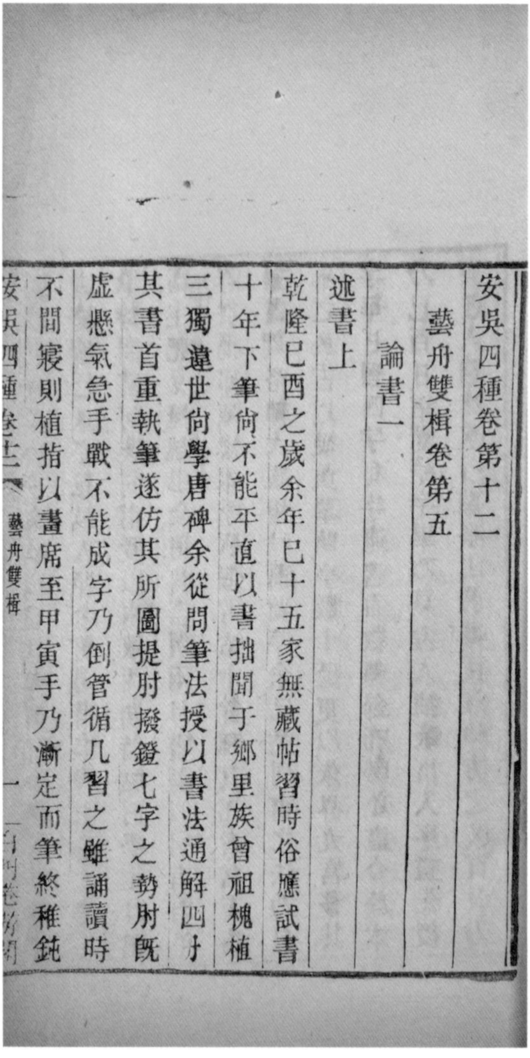

藝舟雙楫卷第五

論書一

述書上

乾隆己酉之歲余年已十五家無藏帖習時俗應試書十年下筆尚不能平直以書拙聞于鄉里族曾祖槐植三獨邃世尚學唐碑余從問筆法授以書法通解四才其書首重執筆遂仿其所圖提肘撥鐙七字之勢肘既虛懸氣急手戰不能成字乃倒管循几習之雖誦讀時不間寢則植指以畫席至甲寅手乃漸定而筆終稚鈍

安吴四种　道光二十六年白门倦游阁木活字印本
苏州文学山房藏

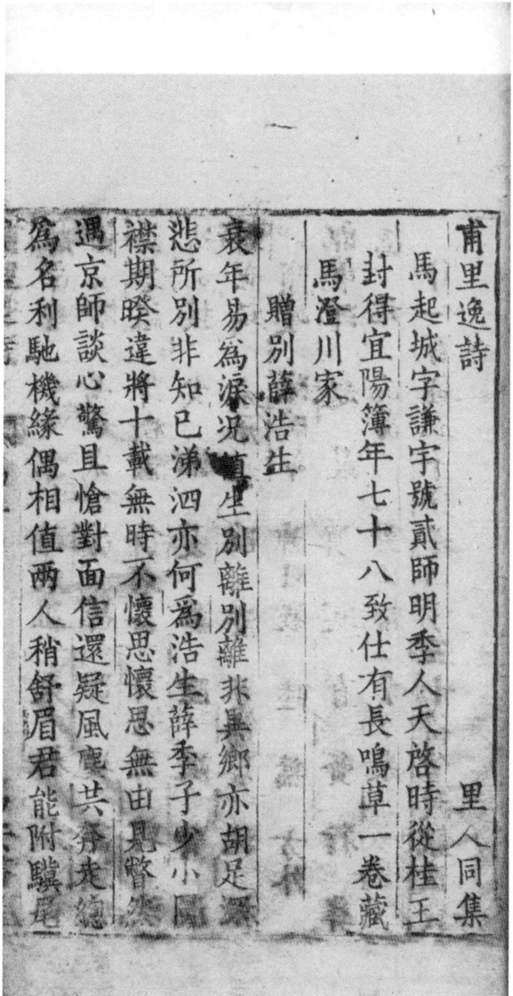

甫里逸詩　　里人同集

馬起城字謙宇號貳師明季人天啓時從桂王封得宜陽簿年七十八致仕有長鳴草一卷藏馬澄川家

贈別薛浩生

衰年易爲淚況復生別離別離非異鄉亦胡足深悲所別非知己涕泗亦何爲浩生薛季子少小同襟期暌違將十載無時不懷思懷思無由見暫聚遇京師談心驚且愴對面信還疑風塵共奔走總爲名利馳機緣偶相值兩人稍舒眉君能附驥尾

甫里逸诗　　清乾隆五十八年周氏易安书屋活字印本
无锡市图书馆藏

（康熙）常州府志　光绪十二年木活字印本
苏州文学山房藏

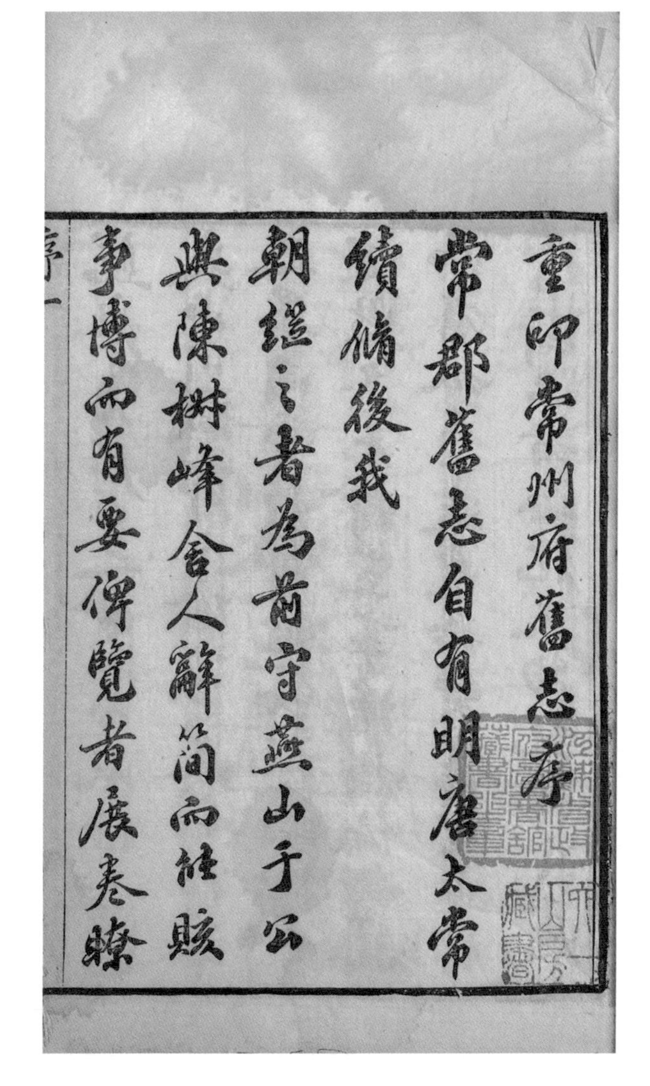

重印常州府舊志序

常郡舊志自有明唐太常續脩後我朝纘之者為前守燕山于公與陳樹峰舍人辭簡而詳賅事博而有要俾覽者展卷瞭

（康熙）常州府志　光绪十二年木活字印本
苏州文学山房藏

常州府志卷之一

圖考

古之人左圖右史是圖與史並重也明矣召誥云伻來以圖及獻卜周禮大司徒以天下土地之圖周知地域廣輪之數辨其名物蓋以此也吾郡襟江帶湖扼三吳之要五邑環而峙之皆屹然稱望縣焉苟非有圖足考則其間分經畫野與夫險易因革之故孰得而知之茲本舊志所載核之今日重加摹繪俾覽者一展卷而瞭如列眉庶於古人圖史之意其有當乎作圖考

（康熙）常州府志　光绪十二年木活字印本
苏州文学山房藏

自來賞鑑家所輯畫人小傳歷有成書或廣收傳采耳
食居多或附和隨聲評騭鮮當每苦著書者不能盡遍
六法工畫矣而見聞苦隘不能偏交海內知名士星齋
少宰性耽翰墨於山水花鳥無不探源竟委自成一家
又嘗持節萬里外徧攬滇黔名勝模山範水超脫町畦
故評論古今書畫每多心得是編所錄皆同時贈答及
㓜年曾接丰采者一一品題無不精當洵足爲藝林中
持銓衡之柄豈世之裒集衆論自矜淵雅者可同日語
哉咸豐丁巳冬十有二月元和韓崇拜跋

墨缘小录　文学山房木活字印本　苏州文学山房藏

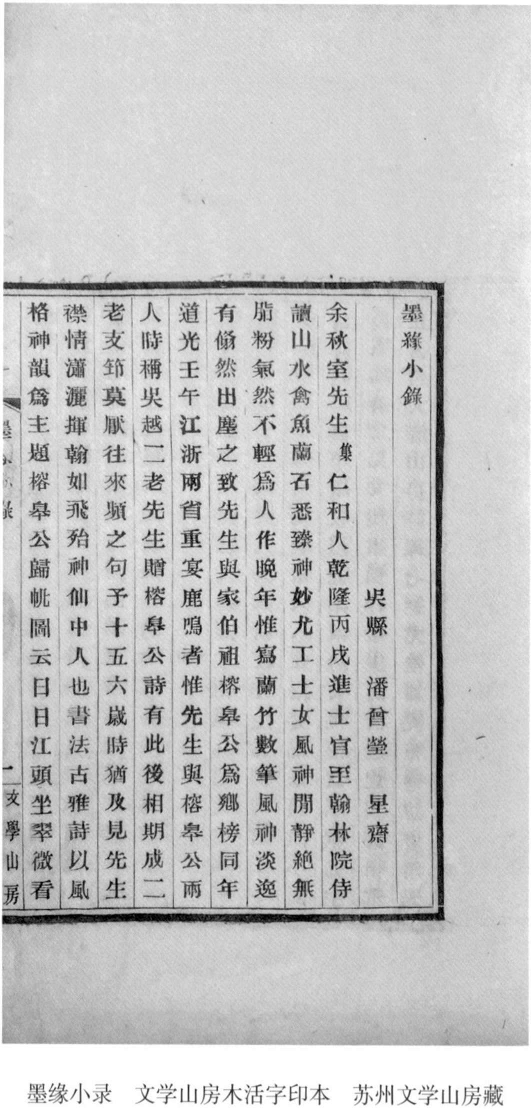

墨緣小錄

吳縣　潘曾瑩　星齋

余秋室先生集仁和人乾隆丙戌進士官至翰林院侍讀山水禽魚蘭石悉臻神妙尤工士女風神閒靜絕無脂粉氣然不輕爲人作晚年惟寫蘭竹數筆風神淡逸有儼然出塵之致先生與家伯祖榕皋公爲鄉榜同年道光壬午江浙兩省重宴鹿鳴者惟先生與榕皋公兩人時稱吳越二老先生贈榕皋公詩有此後相期成二老支筇莫厭往來頻之句予十五六歲時猶及見先生襟情瀟灑揮翰如飛殆神仙中人也書法古雅詩以風格神韻爲主題榕皋公歸帆圖云日日江頭坐翠微看

墨缘小录　文学山房木活字印本　苏州文学山房藏

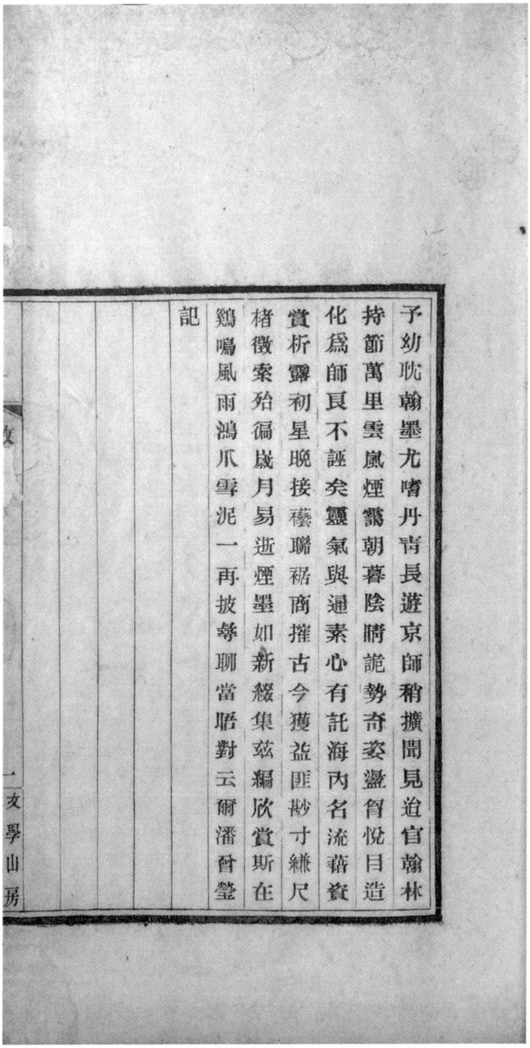

予幼耽翰墨尤嗜丹青長遊京師稍擴聞見迨官翰林持節萬里雲嵐煙靄朝暮陰晴詭勢奇姿盪胸悅目造化為師良不誣矣靈氣與通素心有託海內名流藉資賞析霽初星晚接藝聯袂商搉古今獲益匪尠寸縑尺楮徵索殆徧歲月易逝煙墨如新綴集茲編欣賞斯在鷄鳴風雨鴻爪雪泥一再披尋聊當晤對云爾潘曾瑩記

墨缘小录　文学山房木活字印本　苏州文学山房藏

序

苏州的古籍版本专家江澄波同志，近两年费了心血，搜遗集秘，考订核正，整理写成了《江苏活字印书》和《古刻名钞经眼录》二稿，字数不过数十万，但学术价值很高。我作为一个出版工作者，拜读之后，十分高兴。

在中国悠久的古代出版史上，明清两朝是被史家称为古代出版事业壮大和兴盛阶段的后期，它上继宋元出版繁盛的脉络，而又发扬光大，不仅出书数量巨大，品种繁多，内容丰富，而且在印书技术方面，也突破陈规，大有创新，重要的标志之一就是活字印书。当然，对于近现代出版事业的发展，明清两朝的出版实绩又起到了促生、萌芽和发育成长的历史作用。明清两朝的江苏，由于是全国出版事业十分活跃而兴旺之地，对于这一历史时期江苏出版史迹的探究，无疑是中国古代出版史研究的一大课题。江澄波同志的这部著述，为我们提供了丰富、详尽、精确的佐证。其意义和作用值得我们重视。

19世纪末上海商务印书馆创办，开现代出版业的先声，但成为一个有规模的出版行业，还得在辛亥革命以后，尤其是“五四运动”前后。因此，从近代出版向现代出版转化的过程中，必然会有一个过渡性时期。在版本方面，这个过渡时期也就出现了用木活字、铅活字分别印制的各类线装图书，也存在用刻版印书和石印技术印书等现象。这个演变中的时期不长，但在中国出版史的研究方面却是不能漏掉的。

这个资料也告诉我们，在清末民初这段时期，仅用铅活字排印的线装书，在江苏（包括尚未单独建市的上海）就有近650部之多。其中，除上海外，吴县（苏州）、常熟、吴江、无锡、武进、江宁等县数量品种更多。长江以北，通扬一带，远至徐淮地区，出版也趋兴旺，如泰县即是。这是江苏从近代出版向现代出版发展的一个值得注意的情况。再者，从这些书目可以看出，铅字排印的线装书并不限于地方性典籍，许多图书部头不小，是超越江苏地区、面向全国的著作。说明当时江苏各地的出版业是有开阔的眼光和胸怀的，这种精神也值得我们重视。

出版史的研究还在延续。我们相信，江澄波同志焕发老而不倦的光与热，这种精神将会鼓舞后来者，继续奋发有为地孕育、促生新的研究成果。我们充满信心地期待着。

高　斯

1996年9月20日

目　录

概 述

活字印书的发明

我国雕版印书技术，创自李唐，盛于两宋。但那时必须经过写样刻版、涂墨印刷等多道工序。若印薄薄小册，还显不出它的缺点。如印一部大书，就要雕刻好几年。刻好以后的书版，数量之多，可称是汗牛充栋。假使要出其他著作，又得一块块重新雕起。当人们意识到雕版印书太不经济时，便开始想到用活字印书。北宋庆历年间（1041—1048），平民毕昇发明用胶泥活字印书。这是古代中国印刷书籍的一大进步，具有重要的历史意义。按宋人沈括所著的《梦溪笔谈》的记载，“庆历中，有布衣毕昇，又为活板。其法用胶泥刻字，薄如钱唇，每字为一印。火烧令坚，先设一铁板，其上以松脂、蜡和纸灰之类冒之。欲印则以一铁范置铁板上，乃密布字印，满铁范为一板，持就火炀之，药稍镕，则以一平板按其面，则字平如砥。若止印三二本，未为简易，若印数十百千本，则极为神速。”由此可见，当时活字印刷，就是先制成一个个单字，然后按照稿件的需要，把单字拣出来，排在字盘内，然后涂墨印刷。印完后再把单字拆开，下次可再排印其他各书。这样每次印书，就无需一块块写样刻版，既可节约费用，又能提高书籍刊行的速度。但遗憾的是毕昇的发明没有引起宋朝政府的重视和提倡，以致未能得到普遍使用。此后元朝人王祯在元贞元年（1295）后担任安徽旌德县尹时，自奉俭朴，但却捐俸修学校、道路、桥梁，教农民种谷植树，栽桑植棉，做了不少与民有利的好事。后来他把这些经验，写成了一部有名的《农书》，约十万余字。在计划出版时，因感到字数较多，雕印费时。所以请工匠制作了木活字三万多个，用木活字来印制此书。他的方法是先用纸写好大小字样，糊于木版之上进行刻字，然后用细锯把刻有字的木板锯开，再用小刀修成一样大小，再一行行排字，用竹片隔开来，排满一版框，用小竹片垫平，木楔扎紧，使字牢固不动，然后涂墨覆纸，用棕刷刷印。后来，明清时期木活字印书法基本与此相同。王祯在大德二年（1298）就排印过六万多字的《旌德县志》，只花了一个月时间，这是我国地方志中最古的一个活字本，可惜早已失传了。

铜活字本的兴起

活字除了用胶泥和木质之外，还有以铜制造的。铜活字于明代弘治至嘉靖年间，在江苏的无锡、苏州、常熟、南京一带流行。基本的原因是木活字使用寿命有限，保存时间也不长，人们想到用金属材料来代替木质材料，是很自然的事情。加上江南经济状况较好，有不少富户巨商有能力用铜作原料铸成活字印书，因此一经发明便走俏起来。最著名的，有无锡华氏的会通馆和兰雪堂以及安氏的桂坡馆。明人邵宝在他所著《容春堂集·会通君传》里说：“会通君姓华氏，讳燧（1439—1513），字文辉，无锡人。少于经史涉猎，中岁好校阅同异，辄为辨正，手录成帙。遇老儒先生，即持以质焉。既而以铜字版以继之。……”弘治三年（1490）华燧在《会通馆校正宋诸臣奏议序》中称：“……书行既久，版就湮讹。吾邑大夫荣侯，忧其失传，欲重镌而重民费，乃俾会通馆活字铜版印正，以广其传。始燧之为是版也，以私便手录之烦。今以公行天下，使山林泽薮之间，亦得披览全文，开明心目，观感而兴起，吾侯之举也。”除此以外，他还先后用铜活字排印过古人名著《锦绣万花谷》《容斋五笔》《古今合璧事类备要》以及自著的《九经韵览》《文苑英华辨证》等。现在可考者约十多种。会通馆以铜活字排印的书，在明人铜活字印书中时间最早，印书最多，所以特别珍贵。另据《无锡县志》所记，华燧的叔叔华珵，也曾以铜活字印书。“华珵字汝德，以贡授光禄寺署丞，善鉴别古奇器，法书名画，筑尚古斋，实诸玩好其中，又多聚书，所制活版甚精密。每得秘书，不数日而印本出矣。”因华珵是华燧之叔，所以印书也用了会通馆之名，但印书的时间却晚于华燧十年。华燧的亲侄华坚也用铜活字印书。华坚印书多有“锡山兰雪堂华坚允刚活字铜版印行”牌子或识语，又有“锡山”两字圆印以及“兰雪堂华坚活字铜版印”篆文小印。兰雪堂印有唐人类书《艺文类聚》、汉代著名文学家蔡邕的《蔡中郎集》、唐朝著名诗人白居易的《白氏文集》、元稹的《元氏长庆集》等。《艺文类聚》尾页有华坚的儿子华镜在正德乙亥年（1515）写的后序。由此可见，华坚、华镜父子两代都从事印书。

继华氏而起的是无锡安氏“桂坡馆”。主人安国（1481—1534）字民泰，居胶山，因山治圃，植丛桂于后冈，周回二里余，因自号桂坡。以布衣起家，后来富可敌国，人称“安百万”。曾捐巨款资助平倭寇，疏浚白茆海口，修筑常州府城。遇荒年，出银米赈济。他好古书画鼎彝，购藏异书甚多。以铜活字版排印唐人颜真卿《颜鲁公文集》、宋人魏了翁著《重校鹤山先生大全集》、胡维新辑《古今合璧事类备要》等。他选纸印书始于明代正德七年（1512），所印之书一般不记岁月，仅有《吴中水利通志》上标明“嘉靖甲申（1524）安国活字铜版刊行”。虽晚于华氏各家，但校勘质量较高。据钱谦益《春秋繁露跋》称：“金陵本讹舛。得锡山安氏活字本，校改数百字……”可以证明。他印书还有一个特点，就是同一种书，既有铜活字排印本，又有木刻本。《初学记》和《颜鲁公文集》就是例子。

在明代隆庆三年至五年（1569—1571）时，有福建人饶世仁、游廷桂等在无锡制铜活字排印《太平御览》。因经费短绌，印成十分之二时，难以为继，一度中辍，被常熟人周光宙购去活字之半。另一半为锡人顾、秦二家所得。后来周光宙父子和顾、秦二家商量，仍请饶世仁、游廷桂等继续排印《太平御览》。至万历二年（1574）共印成一百余部。曾见原书版心下列“宋版校正饶氏（或作游氏）仝版活字印一百余部”小字二行。“仝版”即铜版之简写。周堂序后还有“闽中饶世仁、游廷桂整排，锡山赵秉义、刘冠印行”。此外，游氏还印过吴江徐师曾编辑的《文体明辨》，称“建阳游榕活版印行”。游榕亦闽人旅居无锡，应与游廷桂有族属关系，且共同工作。始印这部书约在万历初年。

与此同时在无锡附近的苏州、常熟等地，也兴起了铜活字印书的风气。弘治十六年（1503）苏州金兰馆印宋人范成大《石湖居士集》三十四卷，字体秀劲，版式疏朗，印制精雅，可作明代活字版之代表作。同年又印过明人孙蕡著《西庵集》十卷，还有五云溪馆印《玉台新咏》十卷，都负有盛誉。苏州洞庭东山人、大学士王鏊之婿徐缙，曾用铜活字印过《唐人五十家集》。每半页九行，行十七字，细黑口，左右双边。用黄棉纸印，前后无序跋，字体古拙，因而前人曾以为宋活字本著录。据正德五年（1510）舒贞刊《陈思王集》田澜序："舒贞过长洲，得徐氏活字版《子建集》百余部。"又何良俊著《四友斋丛说》上也说："今徐崦西家印《五十家唐诗》活字本。"徐缙字子容，号崦西，吴县洞庭西山人。弘治十八年（1505）进士，官至吏部右侍郎，充经筵讲官。受帝宠，曾受命代上郊祀，行亚献礼，自是忌者侧目，借吴人陆粲疏劾执政，诬指为缙所使，下御史台狱。事白，夺职免归，筑介福堂以奉母。口不言时事，足不入城府几十五年，是故历来所见《五十家唐诗》前后无序跋，亦不署名。可见其淡于名利，风格之高尚。

此外，海虞（今常熟市）黄美中于隆庆己巳（1569）校印王世贞《凤洲笔记》二十四卷，万历二年（1574）桑大协印明人桑悦著《思玄集》十六卷，万历三年（1575）吴郡严氏印其先人严讷撰《春秋国华》十七卷，都为罕见之书。

隆庆四年（1570）松江何玄之以铜活字排印明初人袁凯著《海叟集》四卷、《外集》一卷，其中第四卷第十七页"题西酉精舍诗"第一句最后一字横排，这是活字印书的最好证明。万历元年（1573）上海顾从德用活字印明人杨循吉撰《松筹堂集》十二卷，在此前后嘉定徐兆稷用活字印其父徐学谟撰《世庙识余录》二十六卷，专记嘉靖一朝掌故，富有史料价值。首列印书识语："是书成凡十余年，以贫不任梓。仅假活版，印得百部，聊备家藏，不敢以行世也。活版亦颇费手，不可谓定，不可为继，观者谅之，徐兆稷记。”兆稷为学谟次子，以诗文名于时。

在南京，监生胡旻曾于正德戊寅（1518）年间用活字为国子祭酒贾咏印制所藏古本《庄子鬳斋口义》一书。还有一部金陵张氏印制的《开元天宝遗事》，卷上首页有“建业张氏铜版印行”一行，不记年月。钤有“玉兰堂印”，则为文徵明藏书。按文氏卒于嘉靖三十八年（1559），年九十岁，则此书亦当为弘治、正德或嘉靖间所印。又有拔贡李登在万历年间用家藏“合字”印其自著《冶城真寓存稿》八卷，印了数百册以赠友人。

天启、崇祯时期铜活字印书已进入低潮，很少有人用它印书。直至清代康熙二十五年（1686），常熟吹藜阁用铜活字印钱陆灿辑《文苑英华律赋选》四卷，在书名页和目录下方及卷四终末行，均有“吹藜阁同版”五字。“同版”即铜版的简写。前有钱陆灿自序称：“于是稍简汰而授之活版，以行于世。”封面称铜版，序文又说是活版，其实为铜活字版无疑。不过他没有说明铜活字版是自己的，还是借用别人的。它的出版时间要比清皇朝内府印铜活字本《古今图书集成》早四十年。因而可以说是现在所知清代最早的铜活字印书。字为书写体，楷书流利悦目，印刷清楚。

珍贵的泥活字本

道光十年（1830），苏州人李瑶寓居杭州时，借钱印书。雇工十余人，在二百四十多天内，印成《南疆逸史勘本》五十六卷，八十部。封面背后有“七宝转轮藏定本，仿宋胶泥版印法”篆文两行。李氏自称七宝转轮藏主，凡例中有“是书从毕昇活字例排版造成”之语。次年有人出钱，又排版一百部。过了二年，李氏仍寓杭州，印成自己所编辑的《校补金石例四种》十七卷，有“实兑纹银四两”木戳，亦称仿宋胶泥版。自序说“即以自治胶泥版统作平字捭（捭与摆通）之”，这两种书可说是清代江苏仅有的泥活字印本。日人德富猪一郎称它为“中国胶泥版的标本”。

公私木活字印书

据王重民撰《中国善本书提要》载，美国国会图书馆藏有明崇祯时木活字印本《壬午平海纪》二卷，内容为永丰程峋任苏松兵备道时平定海军叛乱时往来文书和檄揭，颇具史料价值。

以后娄东（今太仓市）人以木活字排印宋人郑虎臣所辑《吴都文粹》十卷，历来各家著录，均凭康熙六十年施天麒跋文定为康熙时娄东施氏木活字本。经过核查，这部书的文字内容，不仅“胤”字缺笔，“曆”字亦避清高宗讳作“厤”。因此可以确定为乾隆时娄东木活字印本。

乾隆五十六年（1791）和五十七年（1792），南京程伟元的萃文书屋先后二次用木活字排印过《红楼梦》，前者称程甲本，后者称程乙本。由于其内容为广大人民群众所喜爱，翻阅频繁，易于损坏，至今已绝少流传。

乾隆五十八年（1793）甫里（今吴县甪直）易安书屋主人周秉鉴辑晚明至乾隆时当地人诗，编成《甫里逸诗》和《假年录》，用木活字印成。姓氏后有“印一百部，五十分送四方，五十待售，纹银二钱”。可见是半送半卖性质。

常熟著名藏书家张金吾，从无锡购得木活字十万多个，用以排印自著《爱日精庐藏书志》四卷及宋人李焘编的史学巨著——《续资治通鉴长编》五百二十卷，目录后有“嘉庆己卯（1819）仲夏海虞张氏爱日精庐印行”牌记。

道光二十年（1840）吴县潘奕隽三松堂用木活字排印无锡邹一桂所著《小山画谱》二卷，由著名藏书家黄丕烈之子黄寿凤篆书封面。潘奕隽，乾隆进士，官户部主事，曾典试黔中，不久归里，与黄丕烈、袁廷梼等优游林下，赏书品画，颇多倡和之作。其三松堂藏书中精抄名校，经黄丕烈校跋的约有百种以上。道光二十八年（1848）元和（今苏州市）韩崇宝铁斋曾用木活字印其先人韩是昇《治隐园文钞》四卷，翌年又排印明人杜琼《东原文集》二卷，皆不多见。道光三十年（1850）金陵津逮楼主人甘福用木活字排印路鸿休辑《帝里明代人文略》，封面后有“道光庚戌夏五月，甘氏津逮楼集印”两行牌记。甘福字德基，号梦六，江宁人。嗜学慕古，家有津逮楼，积书十余万卷，其中很多是宋元佳本。新中国成立初期在南京市上所见散出的宋本《金石录》全本即其旧藏。咸丰七年（1857）吴门徐立方以木活字排印明僧道恂所辑《狮子林纪胜集》二卷及其自辑《续集》三卷，一向罕见。咸丰八年（1858）吴县冯芳缉独善兼善之斋以木活字排印元和张京度《通隐堂诗存》四卷，前有其父冯桂芬序文称：“芳缉以借读者众，购得活字版，先印《通隐堂诗》四卷，请余校定。”同治六年（1867）江宁藩署用活字校印《钦定科场条例》六十卷，又印《续增》一卷，供参试考生备用。与此同时，金陵书局除了大量用木版刻书之外，也试用活字排印过陈寿《三国志》、宋吴仁杰著《两汉刊误补遗》十二卷、清人吴荣光撰《吾学录初编》二十四卷。

光绪十三年（1887）苏州灵芬阁书坊主人徐明甫，以木活字重印张金吾《爱日精庐藏书志》三十六卷、《续志》四卷。二年以后，流寓苏州萧家巷的大藏书家姚觐元，以集福怀俭斋名义用木活字排印唐人虞世南《北堂书钞》一百六十卷。该书虽印成至今仅百年时间，但传世绝少。吴中公私藏家未见，国家图书馆著录亦仅有残本，不知究竟是何原因？宣统年间苏州江苏存古学堂用木活字排印梁鼎芬、曹元弼同辑的《经学文钞》十五卷首三卷，共订三十册。

编印家谱之大盛

清代用木活字排印家谱，以常州、无锡、镇江一带最盛。其中冠以毗陵、晋陵、延陵、武进、阳湖、常州者约一百四十余种，而以锡山、梁溪、无锡、金匮名者约六十多种。以古润、润州、京江、京口、镇江、丹徒名者约九十余种。在清代常州所印家谱中，偶然也发现过一种用铜活字印的《毗陵徐氏宗谱》三十册（现藏日本东洋文库），而绝大多数仍是用木活字印的。常州的排印工在清代最负盛名，书法家包世臣曾经说过："常州活版字体差大而工最整洁，始惟以供修谱，间及士人诗文小集，近且排《武备志》成巨观。而讲求字划，编排行格无不精密。……底刻而面写，检校为易。其法以细土铺平，版背拆归皆便。"由于印工技术高明，所以安徽人把省立的官书局——曲水书局，设立在常州龙城书院先贤祠内。醵金招募梓人，自备聚珍。锡、常、镇地区民间多聚族而居。当时族权发达，几乎村村有祠堂，每姓有家谱。有专门以排印家谱为职业的工人，俗称“谱匠”或“谱师”。每当秋收以后，他们就挑着字担与行李，到各个乡镇去做谱，字担上的木字只有二万多个，分大小二号，大都是用梨木雕成的宋体字。遇缺字则临时补刻。字盘用杉木制成，为了把字排得更好更快，又把字盘分为常用字盘和生僻字盘两类，亦称内盘与外盘。内盘放置常用的皇帝年号，天干地支，年月日时，长次幼，男女讳字号行，娶配适葬，一二三四……数字及之乎者也等虚字。外盘则为便于记忆，编成“君王立殿堂，朝辅尽纯良……”等五言诗二十八句。把头脚偏旁同类的字，排在诗句的每一个字下，例如：君（群）王（弄理圣王）立（产端）殿（殳）堂（尚掌），只要记住诗句，拣字就比较迅速。他们由五六人或七八人组成一班，内分刻字、图像、排字、刷印、打杂等，而以包头总其成。

木活字歇绝之期

由于木活字的被广泛利用，清代同光年间，各地修志局较多改用木活字排印新志或旧志以及乡镇小志。辛亥革命前后，受西学东渐潮流的影响，上海的外商创设了不少出版机构。随着石印、铅印新技术的传入，印书速度增快，且细若牛毛，明如犀角。因此木活字排印已逐渐被自然淘汰。但仍有一部分具有传统思想的人，继续用木活字印书。

民国初年苏州毛上珍印书局以木活字排印明人归有光《四书论》。江氏文学山房以木活字印成《江氏聚珍版丛书》四集二十九种。民国元年（1912）梁溪高氏印其先人高攀龙《高忠宪公年谱》二卷。民国三年（1914）无锡侯学愈重订《梁溪文钞正续编》四十六卷，以木活字印行于世。民国六年（1917）无锡县图书馆用活字印赵之谦著《勇庐闲诘》二卷，为研究鼻烟之专著；还印有元代画家倪瓒的《清秘阁志》及《诗集》。民国十一年（1922）江南水利局印《民国江南水利志》十卷。以后无锡荣宗铨（德生）为造福地方，嘉惠后学，曾出资创办大公图书馆，聘请邑人朱烈汇总馆藏经史子集古籍序文，编成《叙文汇编》七十二卷，木活字排印四十巨册。

无锡附近的江阴也多以木活字印书。民国二十三年（1934）邑人谢鼎镕用木活字排印明人夏树芳所著《奇姓通》等书（定名为《江阴先哲遗书》），以及江阴地方诗总集——《江上诗钞》《陶社丛编》甲乙集，直至民国三十六年（1947）尚继续排印丙集传世。可说是木活字印书中的鲁殿灵光。

民国时期除了上述各地之外，包括苏北各县亦仍有以木活字印书的，但绝大多数以排印《家谱》为主。以下凡著录各姓家谱中，无编修姓名者，系根据日本学者多贺秋五郎著《宗谱之研究》上所录美国哥伦比亚大学藏书的原本照录。特此说明。

铅活字技术的传入

鸦片战争以后，上海开埠通商，随着外国传教士的进入，西方铅活字印刷技术也被带至我国。在清末民初之际，这种新型的印刷术有着价廉时速的特点，传统的雕版和木活字印书远不能与之竞争而逐渐衰落。起而代之的是铅活字排印的线装本，实现了洋为中用。墨海书馆是外国传教士在上海最早设立的编辑出版机构，隶属于伦敦布道会，主要业务是印刷《圣经》。咸丰元年（1851）起翻译出版少量科技书籍，现在所知咸丰三年（1853）曾印过一本《地理全志》，流传于世。据有关文献记载，当时印刷机器曾用一牛旋转抽轴，时人诗曰："车翻墨海转轮圆，百种奇编宇内传。忙杀老牛浑未解，不耕禾陇耕书田。"可作写照。另有美华书馆创于咸丰十年（1860），由美国教会派姜别利主持工作。姜氏生于爱尔兰，对印刷技术颇有心得，于是制成大小铅字七种，横轻直重，是仿明朝的刻字体，曾被称为"明朝字"，随之大量制作这种铅字给上海报馆、北京总理各国事务衙门及日、英、法各国。美华书馆印书已不多见。据张秀民《中国印刷史》载，他曾见到同治二年（1863）所印《旧约全书》题"苏松上海美华书馆藏版"。因当时上海是江苏松江府的一县，故题"苏松上海"。光绪间曾用铅活字印出《形学备旨》《笔算数学》《代数备旨》等书，现在还能见到。英国人美查在上海创办《申报》，除了用铅活字巾箱本重印了大量的中国古籍之外，又在光绪十年（1884）组织图书集成局，创制三号扁体活字，称为"美查字"。其字形大而特扁，比美华书馆的活字整齐美观，印刷时又可省篇幅，当时出版了一部大书——《古今图书集成》一万卷（印 1500 部，每部线装 1628 册），可能由于用纸量过大，手工白连史纸一时供应不上，难以为继，乃以改良连史纸补充，因而造成了一部书的用纸土洋结合，且印本油墨欠佳，历来为人惋惜。除此书外又重印了《二十四史》《九通全书》等大部书以及很多的中医中药书，为传承中国的传统文化，做出了一定的贡献。同治年间，清政府借外力以镇压太平天国运动，并震于西人之船坚炮利，乃于同治四年（1865）在沪成立官办江南制造局，开始翻译西洋科学。李善兰、华蘅芳、徐寿等人任笔受，出版了数学、化学、兵器等方面的书和《西国近事汇编》等史学书，以备借鉴。与此同时，南京江南书局、两江师范学堂等也都以铅活字印书。光绪元年（1875）苏省藩署在苏州印过《苏省赋役全书》，全部有四十一册之多。江苏存古学堂也出版过孙德谦著《诸子通考》、王仁俊著《周秦诸子校录序》、邹福保著《读书灯》等书。清末创办的商务印书馆采用外国新机器、新技术制造楷书体铅活字，用以印书，精美雅致。自商务字出，以前之美华字、美查字等尽被淘汰。江苏淮安人王锡祺编过一部《小方壶斋舆地丛钞》，这是一部著名的舆地丛书。版本是巾箱活字本，字体与申报馆印的书相仿，墨色露油痕。民国《山阳县志》和《清河县志》上都说他是自铸铅版，其同乡好友段朝瑞写过一篇《回赎铅制书版记》，文章中说："清河王君寿萱，喜读书，喜刻书，家有质库，铅锡不出售，辄以铸版，积数年成《小方壶斋丛书》若干卷。"由此可见，王氏确实自己铸过铅活字，印过《小方壶斋丛书》四集和《小方壶斋舆地丛钞》正编、补编、再补编各十二帙，可称是集地理类书籍之大成。

现据文献记载以及个人见闻所及，就我省在明清两代及民国时期所出版的铜、木、泥、铅各种活字版本的书籍，共收录一千八百种，分别列述如下，以供研究参考。

明代铜活字印书

应天府

开元天宝遗事二卷，五代王仁裕撰，明建业张氏铜活字印本。每半页九行，行十八字。王仁裕唐末为秦州节度判官，后仕蜀为翰林学士，蜀亡至长安，采录里巷传记，得开元天宝遗事一百五十余条，内容与史实都不符。此本前题下有“建业张氏铜版印行”一行。卷后有绍定元年（1228）陆子遹刻书跋文。盖源出陆子遹桐江郡斋刻本。桐江即明清之严州府。吴人黄丕烈跋称：“古书自宋元版刻而外，其最可信者，莫如铜版活字，盖所据皆旧本，刻亦在先也。诸书中有‘会通馆’‘兰雪堂’‘锡山安氏馆’等名目，皆活字本也。此建业张氏本，仅见是书，余收之与《西京杂记》并储，汉唐遗迹略具一二矣。”

晋太康三年（282）分秣陵水北之地为建业，又改业为邺。司马邺接位，避讳改建康，东晋及南朝诸帝建都于此，其地在今南京市。

庄子鬳斋口义十卷，宋林希逸撰，明正德十三年（1518）南京国子监生胡旻铜活字印本。每半页十行，行十八字。白口，左右双边。据《张秀民印刷史论文集》称："明代私人藏有活字的，南京国子监生胡旻有活字印，正德戊寅（1518）曾有人借它摹印《庄子鬳斋口义》。"现《北京图书馆善本书目》著录此书为贾咏铜活字印本。可见活字借人印书之语非虚。

苏州府

阴何诗一卷，明吴门阴何撰，明弘治十五年（1502）姑苏孙凤铜活字印本。士礼居主人黄丕烈从《小字录》中拆出覆背纸。有弘治十五年都穆撰《阴何诗跋》称："阴何诗一帙，里人孙凤用活字版印之。……"

石湖居士集三十四卷，宋范成大撰，明弘治十六年（1503）苏州金兰馆铜活字印本。每半页十行，行二十一字。版心上印"弘治癸亥金兰馆刻"一行。字体秀劲，版式疏朗，印制精雅，为明代活字版之代表作。疑是顾恂印本。

西庵集十卷，明孙贲撰，明弘治十六年（1503）吴门金兰馆铜活字印本。每半页十行，行二十一字。上下单边，左右双边。版心上印"弘治癸亥金兰馆刻"一行。

唐五十家诗集一百五十八卷，明吴县徐缙辑，明正德四年（1509）吴门崦西精舍铜活字印本。每半页九行，行十七字。细黑口，左右双边。其中：

唐太宗皇帝集二卷，唐太宗李世民撰。

虞世南集一卷，唐虞世南撰。

许敬宗集一卷，唐许敬宗撰。

王勃集二卷，唐王勃撰。

杨炯集二卷，唐杨炯撰。

卢照邻集二卷，唐卢照邻撰。

骆宾王集二卷，唐骆宾王撰。

李峤集三卷，唐李峤撰。

杜审言集二卷，唐杜审言撰。

沈佺期集四卷，唐沈佺期撰。

陈子昂集二卷，唐陈子昂撰。

唐玄宗皇帝集二卷，唐玄宗李隆基撰。

张说之集八卷，唐张说撰。

苏廷硕集二卷，唐苏颋撰。

张九龄集六卷，唐张九龄撰。

孟浩然集三卷，唐孟浩然撰。

李颀集三卷，唐李颀撰。

孙逖集一卷，唐孙逖撰。

王昌龄集二卷，唐王昌龄撰。

王摩诘集六卷，唐王维撰。

祖咏集一卷，唐祖咏撰。

高常侍集八卷，唐高适撰。

崔曙集一卷，唐崔曙撰。

崔灏集一卷，唐崔灏撰。

储光羲五卷，唐储光羲撰。

常建集二卷，唐常建撰。

秦隐君集一卷，唐秦系撰。

严维集二卷，唐严维撰。

李嘉祐集二卷，唐李嘉祐撰。

岑嘉州集八卷，唐岑参撰。
包何集一卷，唐包何撰。
包佶集一卷，唐包佶撰。
皇甫冉集三卷，唐皇甫冉撰。
皇甫曾集二卷，唐皇甫曾撰。
顾况集二卷，唐顾况撰。
严武集一卷，唐严武撰。
郎士元集二卷，唐郎士元撰。
戴叔伦集二卷，唐戴叔伦撰。
钱考功集十卷，唐钱起撰。
刘随州集十卷，唐刘长卿撰。
韩君平集三卷，唐韩翃撰。
耿湋集三卷，唐耿湋撰。
韦苏州集十卷，唐韦应物撰。
司空曙集二卷，唐司空曙撰。
李端集四卷，唐李端撰。
李益集二卷，唐李益撰。
卢纶集六卷，唐卢纶撰。
羊士谔集二卷，唐羊士谔撰。
武元衡集三卷，唐武元衡撰。
权德舆集二卷，唐权德舆撰。

明人何良俊《四友斋丛说》“今徐崦西家印《五十家唐诗》活字本”，可作明证。

曹子建集十卷，魏曹植撰，明正德五年（1510）铜活字印本。

每半页九行，行十七字。分卷与嘉靖时郭云鹏本、万历间郑世豪本合。盖同出一源。据正德五年舒贞刻《陈思王集》田澜序称："舒贞过长洲，得徐氏活字版《子建集》百余部"。

常熟县

王岐公宫词一卷，宋王珪撰，明嘉靖间（1522—1566）海虞杨仪五川精舍铜活字印本。每半页九行，行二十一字。白口，上下单边，左右双边。版心下有"五川精舍活字印行"牌记。

杨仪字梦羽，号五川，明常熟人。嘉靖五年（1526）进士，授工部主事。辞官归后筑万卷楼，多聚宋元旧本及法书名画、鼎彝古器。江左推为博雅。

玉台新咏十卷，陈徐陵编，明嘉靖间五云溪馆铜活字印本。总目分列每卷前。版心上方双行题"五云溪馆活字"六字。前有徐陵序，题《玉台新咏集》，结衔题"陈尚书左仆射太子少傅东海徐陵孝穆撰"，后有嘉定乙亥永嘉陈玉父序，又《郡斋读书志》一则。

襄阳耆旧传一卷，不著撰人。明嘉靖间五云溪馆铜活字本。此书所叙人物上起周秦，下迄五代，盖宋人依晋习凿齿撰《襄阳耆旧记》三卷重编。现藏日本静嘉堂文库。

松江府

海叟集四卷，明云间袁凯撰，明隆庆四年（1570）松江何玄之铜活字印本。每半页九行，行十八字。第四卷第十七页第五行《题西岩精舍诗》中“西岩流水夜泠泠”句，最后一个“泠”字横排。首有信阳何景明、北郡李梦阳序，尾有隆庆庚午何玄之印书跋。

无锡县

宋诸臣奏议一百五十卷，宋赵汝愚编，明弘治三年（1490）无锡华燧会通馆铜活字印本。每半页九行，行十七字。前有华燧序称：“……书行既久，版就湮讹，吾邑大夫荣侯忧失其传。……始燧之为是版也，以私便手录之烦。今以公行天下，使山林泽薮之间亦得披览全文，开明心目，观感而兴起，吾侯之举也。……弘治三年仲冬既望，后学锡山华燧谨序。”

华燧字文辉，明无锡人。制铜字版，名其居曰会通馆，人称会通君。事迹见邵宝《容春堂集·会通君传》。

锦绣万花谷一百卷，宋襄赞元撰，明弘治五年（1492）无锡华氏会通馆铜活字印本。每半页九行，行十七字。版心上印“弘治岁在玄黓困敦”两行。下印“会通馆活字铜版印行”两行。玄黓困敦即壬子，为弘治五年。

锦绣万花谷前集四十卷后集四十卷续集四十卷，宋襄赞元撰，明弘治七年（1494）无锡华燧会通馆铜活字印本。每半页九行，行十七字。标题及门类大字，余均小字双行。白口单边。版心上印“弘治岁在阏逢摄提格”两行，下印“会通馆活字铜版印”两行。阏逢摄提格即甲寅，为弘治七年。

容斋五笔七十四卷，宋洪迈撰，明弘治八年（1495）无锡华氏会通馆铜活字印本。每半页九行，行十七字。版心上印“弘治岁在旃蒙单阏”两行，下印“会通馆活字铜版印”两行。旃蒙单阏即乙卯，为弘治八年。华燧序亦在是年。燧所印书多繁篇巨帙，印制工整。

古今合璧事类前集六十九卷，宋谢维新撰，明弘治八年（1495）无锡华氏会通馆铜活字印本。

校正音释春秋十二卷，晋杜预撰，明弘治十年（1497）锡山华燧会通馆铜活字印本。每半页九行，行十七字。白口，四周单边。版心上印“彊圉大荒落”即丁巳，为弘治十年。版心下印“会通馆活字铜版”。

会通馆校正音释诗经，明弘治十年（1497）无锡华燧会通馆铜活字印本。每半页九行，行十七字。《音释》在每篇后。前有朱熹《诗传序》。

会通馆集九经韵览十四卷，明华燧撰，明弘治十一年（1498）无锡华燧会通馆铜活字印本。每半页九行，行十七字。版心上印“弘治岁在著雍敦牂”两行，下印“会通馆活铜版印”两行。“著雍敦牂”即戊午，为弘治十一年。燧集九经单辞为一编，用力甚勤，传本罕见。

盐铁论十卷，汉桓宽撰，明弘治十四年（1501）无锡华燧会通馆铜活字印本。每半页九行，行十七字。版心上印“弘治岁在重光作噩”两行，下印“会通馆活字铜版印”两行。“重光作噩”即辛酉，为弘治十四年。

渭南文集五十卷，宋陆游撰，明弘治十五年（1502）无锡华珵会通馆铜活字印本。每半页九行，行十七字。白口，左右双边。弘治十五年华珵据宋嘉定十三年（1220）放翁幼子陆子遹刻本排印。

华珵字汝德，以贡授大理寺丞。善鉴别古奇器、名家法书。筑尚古斋，实诸玩好其中。又多聚书，所制活版甚精密，每得秘书，不数日而印出矣。事迹详《无锡金匮县志》。今所见华珵活字印书，仅传陆游著诗文集。

剑南稿八卷，宋陆游撰，明弘治十五年（1502）无锡华珵会通馆铜活字印本。版式同《渭南文集》。

十七史节要，明无锡华燧撰，明弘治十八年（1505）无锡华氏会通馆铜活字印本。

纪纂渊海二百卷，宋潘自牧撰，明弘治间无锡华氏会通馆铜活字印本。

会通馆校正音释书经十卷，明弘治十八年（1505）无锡华氏会通馆铜活字印本。每半页九行，行十七字。《文禄堂访书记》著录：版心上挖去年号，下印“会通馆活字铜版印”两行。

会通馆校正选诗，明无锡华氏会通馆铜活字印本。明人晁瑮《宝文堂书目》著录。

君臣政要，明正德元年（1506）无锡华氏会通馆铜活字印本。

会通馆印正文苑英华纂要八十四卷，宋高似孙辑，明正德元年

（1506）无锡华燧会通馆铜活字印本。每半页七行，行十三字。卷中唯标题及卷第几二行大字，余均小字双行。版心上印“岁在柔兆摄提格”，下方题大若干字、小若干字，中缝题“文苑英华”四字。卷中诗文句皆以墨圈围隔之。前有正德元年华燧序：“终古类书者众矣，会通馆眷翻雠校者数矣。自分年当衰暮，而崇前人加惠后学之心未尝少衰，为可爱耳。正德改元，馆方从事《君臣政要》，而客有以《文苑英华》请翻印传世以垂不朽者。展诵间，连珠贯玉，照耀眉目，主人惟以得之为可喜，而馆人咸以篇章瀚漫，未易卒就，有妨《政要》为辞。随欲却之而心有违，诺之而虑弗果。时吾从侄孙子宣为郡庠生，招与计事。子宣曰：‘昔宋孝宗居玉堂，阅秘阁所贮《文苑英华》，苦太舛错，有害观览。时周益公直夜，宣对承命，取内架所贮正本，集诸学士校勘精雠，节序便观，将进以备讲筵。相承谬误，转失其真。弗克就绪，而益公致政，归田始得重加研订，去其烦冗，凡有资于文墨者，不因短联只句而有弃也。分类而成，凡八十四卷，复注辨证十卷，所谓存什一于千百者。高缉古、彭叔夏赞助之功为多也。是集深有利于科目，缘世乏印本，士子争趋慕之而不可得，虽或得之，亦不可以遍观而共览，实当代之缺典也。某近得印本于陈湖陆氏，宝藏未久，执事苟从事于舛错有害瀚漫之集，曷若从事于节序便观有资之集为愈，所谓用力少而成功多者也。然则是集之行岂但效之于一时，为某一人之私荣私利，诚天下士子之公荣公利也。其远辱且害也不亦多乎！’且请序其事以为士子倡和，因书以遗之。时正德改元冬十有二月丙辰日也。六十八翁古吴华燧序。”

文苑英华辨正十卷，宋彭叔夏撰，明正德元年（1506）无锡华燧会通馆铜活字印本。与《纂要》并行。

晏子春秋八卷，撰人名氏无考，明弘治、正德间无锡华氏铜活字印本。见明人张之象撰《晏子春秋序》。

史鉴，明弘治、正德间无锡华氏铜活字印本。明人晁瑮《宝文堂书目》著录。

元氏长庆集六十卷，唐元稹撰，明正德八年（1513）无锡华坚兰雪堂铜活字印本。每半页七行，每行双行十三字。版心上印“兰雪堂”三字。下记排工姓名。卷末有“锡山”两字圆形木记和“兰雪堂华坚活字版印行”篆书木记两行。并刻书识语“乐天、微之以诗并称，元和、长庆间，互相标榜倡和为颉颃，而论者亦曰元白。向既购白集钞本校印已行，每访元集则残章断句，皆蠹口余物耳。……偶见冢宰陆公家藏宋刻版者，欣然假归，得翻印如白氏集，是真龙剑凤箫之终合。二公文章之晦明，与时运盛衰为上下也。……”

华坚字允刚，为华燧之兄华炯第三子，是华燧之亲侄。

白氏长庆集七十一卷，唐白居易撰，明正德八年（1513）无锡华坚兰雪堂铜活字印本。每半页八行，行十六字。后序后印“正德癸酉岁锡山兰雪堂华坚活字铜版印行”一行。

玉台新咏十卷，陈徐陵编，明正德九年（1514）无锡华氏兰雪堂铜活字印本。

蔡中郎文集十卷外传一卷，汉蔡邕撰，明正德十年（1515）无锡华坚兰雪堂铜活字印本。书名撰人题目均作大字。正文双行如夹注，目录后有“正德乙亥春三月锡山兰雪堂华坚允刚活字铜版印行”二行。前有天圣癸亥欧静序。《蔡中郎集》传世者以此本为最古。

艺文类聚一百卷，唐欧阳询撰，明正德十年（1515）无锡华坚兰雪堂铜活字印本。目录后有“乙亥冬锡山兰雪堂华坚允刚活字铜版校正印行”二十字正楷阴文牌记、“兰雪堂华坚活字版印行”篆文牌记及“锡山”二字篆文木记。传世颇罕。

广成集十二卷，蜀杜广庭撰，明正德十年（1515）锡山华坚“兰雪堂”铜活字印本。

春秋繁露十七卷，汉董仲舒撰，明正德十一年（1516）无锡华坚兰雪堂铜活字印本。每半页十四行，行十三字。文字与宋刻本和《永乐大典》本多合。版心上印“兰雪堂”三字。卷后有“正德丙子季夏锡山兰雪堂华坚允刚活字铜版校正印行”牌记三行。

意林五卷，唐马总撰，明正德间锡山华坚兰雪堂铜活字印本。

吴中水利通志十七卷，明嘉靖三年（1524）无锡安国桂坡馆铜活字印本。每半页八行，行十六字。注文双行，行字同。据《常州府志》载：“安国字民泰，尝以活字铜版印《吴中水利通志》”，即此书。卷后有“嘉靖甲申锡山安国活字铜版刊行”一行。别有明刻本，即据此本翻版。

重校魏鹤山先生大全集一百十卷，宋魏了翁撰，明嘉靖三年（1524）无锡安国桂坡馆铜活字印本。每半页十三行，行十六字。此书源出宋开庆元年（1259）蜀刻本。印工陆细、李太、张贤与《古今合璧事类备要》和《颜鲁公文集》所记工人并合。版心上印“锡山安氏馆”五字。各卷题“锡山安国重刊”。边框外有大字“宙七十二”“洪七十二”“收七十三”等“千字文”编号。因全书百余卷，仍不便折叠，故用此字号，似此尚不多见。

颜鲁公文集十五卷补遗一卷附录一卷，唐颜真卿撰，年谱一卷，宋留元刚撰，明嘉靖二年（1523）锡山安国桂坡馆铜活字印本。每半页十三行，行二十六字。白口，左右双边。版心上印“锡山安氏馆”五字。刻工陆细、李太、张贤等。安氏别有木刻本，即据此翻版。

古今合璧事类备要前集六十九卷后集八十卷，宋谢维新辑，明嘉靖间（1522—1566）锡山安国桂坡馆铜活字印本。每半页八行，行十六字。注文双行。此书据宋建阳坊本排版。行款已经改易。各卷前印“锡山安国校刊”一行。版心上印“锡山安氏馆”五字。版心有印人太、印人王及排字工人陆细、张嵩、李太、永宁等姓名，与《吴中水利全书》和《颜鲁公文集》所记工人并合。知是嘉靖初期印本。

初学记三十卷，唐徐坚撰，明嘉靖间锡山安国桂坡馆铜活字印本。

五经说七卷，元熊朋来撰，明嘉靖间锡山安国桂坡馆铜活字印本。每半页十三行，行十六字。白口，左右双边。版心上印“安桂坡刊”四字。

国朝文纂五十卷，明昆山张士瀹辑，明隆庆六年（1572）无锡吴梦珠铜活字印本。有“江右居无锡吴梦珠独排”一行。

太平御览一千卷，宋李昉等辑，明万历二年（1574）无锡周堂铜活字印本。每半页十一行，行二十二字。四周单边。

版心下列“宋版校正游氏仝版活字印一百余部”两行。万历二年周堂序后有“闽中饶世仁、游廷桂整排，锡山赵秉义、刘冠印行”两行。“仝版”即铜版之简写。

按：隆万间闽人游氏、饶氏在无锡制铜活字印书数种，此其一也。考铜活字本《太平御览》为闽人饶世仁、游廷桂等于隆庆二年至五年间在锡山排印，成十之一二。时常熟人周广宙购去活字之半，另一半为顾、秦二家购得。光宙与其子堂乃商于顾、秦，仍请饶世仁、游廷桂等继续排印。至万历二年共印成一百余部。印是书之游榕亦闽人居于锡者。

太平广记五百卷目录十卷，宋李昉撰，明隆庆至万历间铜活字印本。每半页十一行，行二十二字。首李昉进书表，后列衔名十二行。字体与活字本《太平御览》同，盖即用《御览》字模同时所印。据《增订四库简明目录标注》续录称：“《太平广记》明活字本隆庆时所印，亦出于谈刻，与《御览》同时所印。”

异物汇苑十八卷，明闵文振辑，明万历间铜活字印本。所用活字，疏朗雅秀，观其模式极似无锡排印《太平御览》，或所用为同一模字。

文体明辨六十一卷首一卷目录六卷附录十四卷，明万历元年（1573）无锡游氏铜活字印本。题“大明吴江徐师曾伯鲁纂，归安茅乾健夫校正，建阳游榕活版印行”。游榕曾参加排印《太平御览》等书，且与游廷桂有族属关系。

明代木活字印书

应天府

冶城真寓存稿八卷，明李登撰，明万历间（1573—1620）木活字印本。近人张秀民在《印刷史论文集》中称："……后来南京人李登字士龙，用家藏'合字'，印其自己的著作《冶城真寓存稿》八卷，数百本，以赠送朋友。所谓'合字'也者，即活字也。自己有了活字，出版著作，自然省事，活版又可借人使用，真是自己方便，与人方便"。

李登字士龙，上元人，官新野知县。

苏州府

晏子春秋八卷，撰人名氏无考，明正、嘉间（1506—1566）苏州地区木活字印本。每半页九行，行十八字。赵万里编《中国版刻图录》著录此书称："观其纸墨，疑是正嘉间苏州地区活字印本。丁氏《善本书室藏书志》定为元刊本，不确。嘉庆廿一年顾广圻为吴鼒校刻者，即据此本影刊。”

璧水群英待问会元九十卷，宋刘达可辑，明嘉靖间（1522—1566）丽泽堂木活字印本。每半页十一行，行二十三字。黑口。此书摭拾群言，条分缕析，备当时太学诸生对策之用。卷末印“丽泽堂活版印行，姑苏胡昇缮写，章凤刻，赵昂印”四行。观其字体纸墨，疑是明代嘉靖间苏州地区活字印本。丁氏《善本书室藏书志》误定为宋刻本，应予纠正。

昆山县

水东日记三十八卷，明昆山叶盛撰，明正德间（1506—1521）木活字印本。每半页十行，行二十字。

常熟县

凤洲笔记二十四卷续集四卷，明太仓王世贞撰，明隆庆三年（1569）海虞黄美中木活字印本。

思玄集十六卷，明常熟桑悦撰，明万历二年（1574）桑大协木活字印本。

春秋国华十七卷，明常熟严讷撰，明万历间（1573—1620）吴郡严氏木活字印本。

太仓州

含玄斋遗编四卷别编十卷附录一卷，明太仓赵枢生撰，明万历二十二年（1594）太仓赵宦光木活字印本。每半页九行，行十八字。左右双边，白口。题“璜溪赵枢生彦材撰，梁溪顾冶世叔校，太仓曹子念以新阅”。尾有其子赵宦光跋，并有“海虞品三系书并刻”。卷十末有“万历癸巳十月朔至甲午七月晦野鹿园校完”两行，“子云蒸、日熹、宦光次”一行。

含玄子十六卷，明太仓赵枢生撰，明万历间太仓赵宦光木活字印本。每半页九行，行十八字。白口，左右双边。现藏国家图书馆。

华亭县

唐诗类苑一百卷，明仁和卓明卿辑，华亭张之象校，明万历十四年（1586）木活字印本。每半页十行，行二十字。前有王世贞、汪道昆、屠隆序。版心下方有“崧斋雕本”四字。

世庙识余录二十六卷，明徐学谟辑，明万历间其子徐兆稷木活字印本。每半页十行，行二十一字。白口，四周单边。学谟系明嘉靖二十九年进士，官至礼部尚书。此书札记嘉靖年间朝野时政，于《世宗实录》有所驳正。有印书牌记：“是书成凡十余年，以贫不任梓。仅假活版，印得百部，聊备家藏，不敢以行世也。活版亦颇费手，不可为继，观者谅之。徐兆稷白。”兆稷系学谟次子，国学生，以诗文名。

上海县

松筹堂集十二卷，明杨循吉撰，明万历元年（1573）上海顾从德木活字印本。

壬午平海记二卷，明程峋撰，明崇祯间木活字印本。每半页九行，行二十字。《永丰县志》卷二十四《忠节传》“峋初名士凤，字坦公。童试时知县瞿式耜大奇之。登崇祯甲戌进士。为部郎，升镇江守，有治声。报最，擢苏松兵备道，迁江南督粮道。闻闯贼陷京师，吐血盈斗，死而复苏。值留都裁督粮道缺，奉亲入粤，升惠潮巡抚，寻遇刺。”此书为峋官苏松兵备道时平定海军叛乱时往来书札及檄揭。今藏美国国会图书馆。

黄裳《前尘梦影新录》著录《壬午平海图》一卷（共二十八图），所刻人物衣冠细如丝发，姿致生动。举凡海战情状、抚按会议、行刑散众诸端，皆如实描画。

江阴县

对床夜话五卷，宋范晞文撰，明正德十六年（1521）江阴陈沐木活字印本。傅增湘《藏园群书题记》跋称：“《对床夜话》……传世最旧者为正德十六年陈沐翻刻本。据祁、鲍二家跋语，知陈氏所印为活字小本。”

清代铜活字印书

常熟县

文苑英华律赋选四卷，清虞山钱陆灿选，门人刘士弘订。清康熙二十五年（1686）常熟吹藜阁铜活字印本。每半页十行，行十八字。黑口，四周大单边。书名页、目录下方、卷四尾页均有“吹藜阁仝版”五字。仝版即铜版。前有钱氏七十五岁时所写自序称：“于是稍简汰而授之活版，以行于世。”不过他未说明铜活字版是自己的，还是借用别人的。但是他的出版时间要比清内府所印铜活字本《古今图书集成》早四十年。这是现在所知清代最早的铜活字本。

常州府

毗陵徐氏宗谱三十册，清徐隆兴、徐志瀛等九修，清咸丰八年（1858）铜活字印本。今藏日本东洋文库。

清代泥活字印书

苏州府

南疆逸史勘本三十二卷摭遗十卷，清温睿临撰，吴门李瑶勘定。道光七年（1827）李氏七宝转轮藏胶泥活字印本。

南疆逸史勘本五十八卷首二卷纪略六卷列传二十四卷谥考八卷摭遗十八卷，清温睿临原本，吴郡李瑶勘定。道光十年（1830）七宝转轮藏仿宋胶泥活字印本。

校补金石例四种，清吴郡李瑶辑，道光十二年（1832）吴郡李氏泥活字印本。

金石例十卷，元潘昂霄撰。

墓铭举例一卷，明王行撰。

金石要例一卷，清黄宗羲撰。

金石例补二卷，清郭麐撰。

清代木活字印书

江宁府

金陵琐事四卷，明周晖撰，乾隆四十年（1775）张溰木活字印本。

清溪刘氏重修宗谱三卷末二卷，清刘青藜纂修，乾隆四十二年（1777）木活字印本。

红楼梦一百二十回，清曹雪撰，高鹗续，乾隆五十六年（1791）金陵程伟元萃文书屋第一次木活字印本。附图二十四页，木刻。前图后赞。首有程伟元序、高鹗序。正文半页十行，行二十四字。后来坊刻一百二十回本都从此出。

红楼梦一百二十回，清曹雪撰，高鹗续，乾隆五十七年（1792）金陵程伟元萃文书屋第二次木活字印本。图像行款与第一次印本相同。尾有“萃文书屋藏版”六字。引言称：“初印时不及细校，间有纰缪。今复聚集各原本，详加校阅，改订无讹。”

安吴四种，清包世臣撰，道光二十六年（1846）白门倦游阁木活字印本。

中衢一勺三卷附录四卷

艺舟双楫六卷附录三卷
管情三义赋三卷诗三卷词一卷浊泉编一卷
齐民四术十二卷

帝里明代人文略，清路鸿休辑，道光三十年（1850）金陵甘氏津逮楼木活字印本。封面后有“道光庚戌夏五月甘氏津逮楼集印”牌记两行。内容辑明初至天启间开国勋戚之占籍南京者与其他金陵人士传记成书。甘氏津逮楼藏书有名，新中国成立初年在南京发现的宋本《金石录》，即其家旧藏。

仙机水法一卷附妥先约矩一卷，明董潜甫撰，清甘煦校，道光三十年（1850）甘氏津逮楼木活字印本。

钦定科场条例六十卷，同治六年（1867）江宁藩署木活字印本。

续增科场条例不分卷，同治六年（1867）江宁藩署木活字印本。

王洪绪先生外科症治全生集二卷，清王维德撰，同治六年（1867）江宁藩署木活字印本。

困学斋杂录一卷，元鲜于枢撰，同治间（1862—1875）金陵木活字印本。有“寓江宁旌阳汤炳南镌排”一行。

三国志六十五卷，晋陈寿撰，刘宋裴松之注，同治六年（1867）金陵书局木活字印本。

两汉刊误补遗十卷，宋吴仁杰撰，同治七年（1868）金陵书局木活字印本。

吾学录初编二十四卷，清吴荣光撰，同治七年（1868）金陵书局木活字印本。

史姓韵编六十四卷，清汪辉祖撰，同治九年（1870）金陵木活字印本。

金陵韩氏族谱录，清韩印撰，光绪六年（1880）木活字印本。

金陵梅氏支谱十卷，清梅寿康等纂修，光绪十一年（1885）木活字印本。

寄影庐诗草一卷，清王惟和撰，光绪二十七年（1901）秣陵木活字印本。

也依遗稿四卷诗草十卷，清王庆善撰，王继善编校，光绪二十八年（1902）金陵宜春阁木活字印本。

塾言一卷，清陈澹然撰，光绪二十八年（1902）金陵宜春阁木活字印本。

江南实业学堂普通毕业同学录，江南实业学堂编，光绪三十二年（1906）金陵宜春阁木活字印本。

神交集三卷，清张麟年辑，光绪三十三年（1907）金陵汤明林印书局木活字印本。

国朝事略五卷，江楚编译局编，宣统间（1909—1911）江楚编译官书局木活字印本。

江南高等学堂经学讲义三卷，清常熟潘任撰，光绪间（1876—1908）江南高等学堂木活字印本。

绣余小草一卷，清黄蕙臣撰，光绪十八年（1892）金陵汤明林聚珍局木活字印本。

金陵朱氏新谱二卷，清朱朝柱纂，光绪二十年（1894）木活字印本。

金陵西阳陶氏宗谱，清陶汝先、陶德高等重修，光绪二十六年（1900）木活字印本。

孝经集注一卷，清虞山潘任撰，光绪三十三年（1907）江南高等学堂木活字印本。

伦理学大义一卷，清虞山潘任撰，光绪三十四年（1908）江南高等学堂木活字印本。

七经讲义七卷，清虞山潘任撰，宣统元年（1909）江南高等学堂木活字印本。

御纂七经纲领一卷，清虞山潘任撰，宣统元年（1909）江南高等学堂木活字印本。

方柏堂先生事实考略五卷（谱主方宗诚），受业陈澹然等撰，宣统元年（1909）木活字印本。

蒙古史二卷，日本河野元三原著，欧阳瑞骅译，宣统三年（1911）江南图书馆木活字印本。

上元县

上元苏庄王氏宗谱八卷，王崇庸等纂修，光绪三十二年（1906）孝思堂木活字印本。

江宁县

正音新纂二卷，清江宁马鸣鹤撰，光绪间木活字印本。

广续方言四卷，清江宁程先甲撰，光绪二十三年（1897）木活字印本。

句容县

句容崇德前北墅村夏氏宗谱八卷，清夏致勋、夏正铉等重修，嘉庆二十一年（1816）木活字印本。

句容戴氏宗谱三十六卷，光绪五年（1879）木活字印本。

句容古隍钱氏宗谱四卷，清钱昌贵、钱道成等修，光绪六年（1880）木活字印本。

句容孔巷孔氏家谱十四卷附一卷，光绪九年（1883）木活字印本。

句容达乡迁润陈氏支谱二册，光绪十一年（1885）木活字印本。

句容仁村杨氏家乘十六卷附补遗，光绪十三年（1887）木活字印本。

高淳县

石臼前集九卷后集七卷，明邢昉撰，清高淳吴四宝堂木活字印本。

高淳普济堂志四卷，清戴凤翥撰，光绪二十六年（1900）木活字印本。

苏州府

吴越钱氏宗谱十二卷首一卷末一卷，康熙十二年（1673）木活字印本。

禹贡节注便读一卷，清朱麟书撰，嘉庆十六年（1811）木活字印本。

伤寒补天石二卷续二卷，明戈维城撰，嘉庆间朱陶性木活字印本。

伤寒贯珠集八卷，清尤怡注，嘉庆十五年（1810）吴门朱陶性木活字印本。

王氏族谱十八卷，清王俊三、王光前续修，嘉庆二十二年（1817）木活字印本。

叶氏医案存真（附马氏医案并祁案、王案），清古吴叶桂撰，道光三年（1823）木活字印本。

小山画谱二卷，清邹一桂撰，道光二十年（1840）吴门潘氏三松堂木活字印本。黄寿凤篆书封面，背面有“吴门三松堂潘氏印行”牌记。

妙香阁文稿三卷诗稿一卷，清孙云桂撰，咸丰二年（1852）吴门吴钟骏木活字印本。

琳琅秘室丛书三十种，清胡珽辑，咸丰三年（1853）吴中木活字印本。该书宋翔凤、徐达源作序。

胡珽（1822—1861），字心耘，原籍仁和。官太常寺博士。侨居吴下。好收宋元旧本，手自校勘，有得即记。庚申冬避乱沪城。辛酉四月殁于旅舍。

第一集

孔氏祖庭广记十二卷，金孔元措撰。

东家杂记二卷首一卷，宋孔传撰。

质孔说二卷，清周梦颜撰。

论语竢质三卷，清江声撰。

六书说一卷，清江声撰。

考工记二卷，唐杜牧注。

第二集

吴郡图经续记三卷，宋朱长文撰。

茅亭客话十卷，宋黄休复撰。

续幽怪录四卷，唐李复言撰。

刘江东家藏善本葬书一卷，晋郭璞撰。

伤寒九十论一卷，宋许叔微撰。

列仙传二卷，汉刘向撰。

疑仙传三卷，宋隐夫玉简撰。

第三集

三教平心论二卷，元刘谧撰。

西斋净土诗三卷，元释梵琦撰。

蛮书十卷，唐樊绰撰。

南海百咏一卷，宋方信儒撰。

幽明录一卷，刘宋刘义庆撰。

鸡肋编三卷，宋庄绰撰。

第四集

九贤秘典一卷，佚名撰。

角力记一卷，调露子撰。

密斋笔记五卷续一卷，宋谢采伯撰。

鹖林子五卷，明赵釴撰。

绿珠传一卷，宋乐史撰。

李师师外传一卷，宋佚名撰。

梅花字字香二卷，元郭豫亨撰。

霜猨集一卷，明周同谷撰。

鹤年海巢集四卷，元丁鹤年撰。

艇斋诗话一卷，宋曾季狸撰。

莲堂诗话二卷，元祝诚撰。

每种书后附有《校讹》或《校勘记》，均胡珽撰。

行素斋诗集十卷文集二卷外集一卷，清吴门褚逢椿撰，咸丰四年（1854）木活字印本。

狮子林纪胜集二卷，明释道恂辑，咸丰七年（1857）木活字印本。

狮子林纪胜续集三卷，清吴门徐立方辑，咸丰七年（1857）木活字印本。

通隐堂诗存四卷，清吴门张京度撰，咸丰八年（1858）吴下冯芳缉独善兼善斋木活字印本。封面题"《觉阿诗》（大字）《通隐堂诗存》四卷，咸丰八年辑，《梵隐堂诗存》续出。"前有吴县冯桂芬序称："芳缉以借读者众。购得活字版，先印《通隐堂诗存》四卷，请余校定。"尾有"长洲门人吴启贞，吴县门人郭日煦，元和门人孙周，吴县门人冯芳缉仝校字"。

旌表事实姓氏录不分卷，清吴大澂等辑，同治七年（1868）苏州府采访局木活字印本。

俟后编六卷，明长洲王敬臣撰；补录一卷，陈仁锡辑；事略一卷，彭定求辑。同治八年（1869）王炳木活字印本。

毋欺录一卷补一卷，清昆山朱用纯撰，潘道根辑，同治八年（1869）王炳木活字印本。

南北史捃华八卷，清周嘉猷辑，同治十一年（1872）南园寄社木活字印本。

平江盛氏家乘初稿三十八卷首一卷末一卷，清盛锺岐、盛兆霖等修，同治十三年（1874）木活字印本。

天水严氏家谱十六卷附荣哀录二卷，清严成勋、严锺瑞等修，光绪二年（1876）吴郡严氏木活字印本。

吴门程氏支谱四卷，清程为烜等续修，光绪三年（1877）木活字印本。

王氏三沙全谱三卷附三卷（昆山东沙、长洲中沙、无锡西沙），清王钟、王承烈、王锡骥编，光绪六年（1880）木活字印本。

四书纂言四十卷，清宋翔凤撰，光绪八年（1882）古吴岜嵔山房木活字印本。

爱日精庐藏书志三十六卷续志四卷，清张金吾撰，光绪十三年（1887）苏州徐氏灵芬阁木活字印本。

钝翁文录十六卷，清汪琬撰，金吴澜选，光绪十三年（1887）锄月种梅室木活字印本。

湖防私记三卷余事一卷赵景贤列传一卷，清宋韵初撰，光绪十三年（1887）金吴澜木活字印本。

续纂江苏水利全案四十卷图一卷表二卷，清曾国荃、蒋师辙等纂，光绪十五年（1889）木活字印本。其中卷五、卷二十八分上中下，卷十六、卷十七分上下。

尤氏苏常镇宗谱十四卷，清尤文濬等续修，光绪十七年（1891）木活字印本。

范氏宗谱十卷首一卷，清范棨照、范用枚等重修，光绪十八年（1892）木活字印本。

吴城叶氏族谱五册，清叶向荣、叶浚等重修，光绪二十一年（1895）木活字印本。

墨子闲诂十五卷目录一卷附录一卷后语二卷，清孙诒让撰，光绪二十一年（1895）苏州毛上珍木活字印本。

吴趋汪氏支谱诰敕录二卷旌表录四卷世系图五卷世系述十二

卷，清汪体椿等辑，光绪二十三年（1897）耕荫义庄木活字印本。

范氏家乘左编二十五卷右编十六卷首一卷末一卷，清范端信、范用霖等修，光绪二十五年（1899）木活字印本。

陈氏宗谱四册，清陈国贤、陈宏裕等续修，光绪二十八年（1902）木活字印本。

古今经世策论举隅八卷，清孙元兰辑，光绪三十年（1904）苏州毛上珍木活字印本。

程氏支谱六卷，清程昽等续修，光绪三十一年（1905）吴中资敬义庄木活字印本。

文氏家谱七卷首一卷，光绪三十二年（1906）木活字印本。

唐六如画谱二卷，明唐寅撰，清何大成校，光绪间木活字印本。

玉夔弹词七集，清佚名撰，光绪间吴门书坊木活字印本。

果报录十二卷（一百回），清海芝涛撰，光绪间吴中书坊木活字印本。

诗梦钟声录一卷，清李嘉乐撰，光绪间木活字印本。

意兰吟剩一卷，清吴毓荪撰，光绪间木活字印本。

写韵楼诗钞一卷词钞一卷，清吴清蕙撰，光绪间木活字印本。

中兴名臣事略八卷，清朱孔彰撰，光绪二十五年（1899）木活字印本。

新学商兑二卷，清元和孙德谦撰，光绪三十四年（1908）多伽罗香馆木活字印本。

孝经学七卷，清吴县曹元弼撰，光绪三十四年（1908）江苏存古学堂木活字印本。

吴趋汪氏支谱十集附耕荫义庄祖墓图一卷，清汪宣彤等修，宣统二年（1910）木活字印本。

醒栩草堂遗稿不分卷，吴门蒋炳章撰，宣统三年（1911）木活字印本。

经学文钞十五卷首三卷，清番禺梁鼎芬、吴县曹元弼同辑，宣统间江苏存古学堂木活字印本。

卷首（上）群经纲领、（中）经学大义、（下）经师绪论

卷一　周易

卷二　尚书

卷三　毛诗

卷四　周礼

卷五　礼经

卷六　礼记

卷七　大戴礼记

卷八　春秋

卷九　左传

卷十　公羊传

卷十一　穀梁传

卷十二　孝经

卷十三　论语

卷十四　孟子

卷十五　小学

吴　县

有竹石斋经句说四卷，清吴英撰，吴志忠校，嘉庆十五年

（1810）吴氏真意堂木活字印本。

真意堂三种，清吴志忠辑，嘉庆十六年（1811）璜川吴氏木活字印本。

洛阳伽蓝记五卷，后魏杨衒之撰。

兼明书五卷，唐丘光庭撰。

河朔访古记三卷，元纳新（迺贤）撰。

东园徐氏重辑宗谱八卷，清徐正科续辑，嘉庆七年（1802）木活字印本。

洞庭煦巷徐氏宗谱四卷，清徐原济、徐德智纂修，道光八年（1828）木活字印本。

洞庭潘氏宗谱三卷首一卷，清潘良村、潘守茂等纂，道光二十四年（1844）洞庭东山木活字印本。

席氏世谱三十二卷首一卷载记十二卷居家杂仪二卷，清席朱撰，光绪七年（1881）敦睦堂木活字印本。

洞庭旸坞蔡氏宗谱四册，蔡复民等修，光绪十年（1884）木活字印本。

古吴朱氏宗谱七十卷，清朱凤衔、朱福田等重修，光绪十二年（1886）木活字印本。

小鸥波馆画识三卷画寄一卷，清吴县潘曾莹撰，光绪十四年（1888）悦止斋木活字印本。

太原王氏家谱二十八卷首一卷末一卷，清王仲鉴、叶耀元等重修，宣统三年（1911）洞庭王氏木活字印本。

吴中叶氏族谱六十六卷首一卷末二卷附二卷，清叶懋鎏等增修，宣统三年（1911）木活字印本。

长洲县

甫里逸诗二卷逸文一卷，清周秉鉴等辑，乾隆五十八年（1793）甫里周氏易安书屋木活字印本。每半页十行，行十九字。白口，四周单边。版心下印“易安书屋”四字。甫里即角直镇，在吴县东。是书辑晚明至清初人诗编成。姓氏后有“印一百部，五十分送四方，五十待售，纹银二钱”一行。上卷收三十四人，下卷收四十四人。

假年录八卷，清周秉鉴辑，嘉庆十年（1805）周氏易安书屋木活字印本。版式与《甫里逸诗》同。子目列下：

竹素园诗选二卷，清许廷荣撰。

甫里逸文一卷拾遗一卷，清周秉鉴辑。

甫里诗文选一卷，清周秉鉴辑。

甫里见闻集一卷，清周秉鉴辑。

甫里酬倡集三卷，清周秉鉴辑。

说文古语考一卷，清长洲程际盛撰，乾隆间木活字印本。

师矩斋诗录三卷，清长洲彭翰孙撰，光绪间木活字印本。

璞斋集五卷（诗四卷、词一卷），清诸可宝撰，光绪十四年（1888）长洲黄氏流芳阁木活字印本。

小谟觞馆文集注四卷续集注二卷，清彭兆荪撰，孙元培等辑，光绪十六年（1890）长洲黄氏流芳阁木活字印本。

元和县

东原遗集二卷，明吴县杜琼撰，清道光间元和韩氏宝铁斋木活字印本。

韩崇字履卿，家藏金石图书秘本甚多。著有《宝铁斋诗录》传世。

洽隐园文钞四卷，清元和韩是昇撰，道光二十八年（1848）韩氏宝铁斋木活字印本。

石船居古今体诗剩稿十二卷，清李超琼撰，光绪二十二年（1896）木活字印本。

李超琼，四川合江人。曾任元和县知县。

符江诗存一卷，清李超琼辑，光绪二十二年（1896）木活字印本。

北堂书钞一百六十卷，唐虞世南撰，光绪十五年（1889）姚觐元集福怀俭斋木活字印本。每半页十一行，行二十二字。黑口，左右双边。每卷尾页有"光绪戊子岁夏五月集福怀俭斋活字版印"行书木记三行，又"集福怀俭斋活字版印行"篆书木印。此本罕见流传，仅《北京图书馆善本书目》著录，藏有残本二部。

姚觐元字彦侍，原籍浙江归安。道光举人，官至广东布政使。晚年定居苏州萧家巷。承其家学，好传古籍。曾刻《咫进斋丛书》传世。

陶氏五宴诗集二卷，清陶煦辑，光绪二十一年（1895）木活字印本。

昆山县

中吴纪闻六卷，宋龚明之撰，嘉庆十七年（1812）白鹿山房木活字印本。

淞南志十四卷，清陈元模撰；续志一卷，陈云煌撰；二续二卷，陈至言撰，嘉庆十八年（1813）木活字印本。

一统志案说十六卷，清昆山徐乾学撰，道光七年（1827）清芬阁木活字印本。

昆山王氏宗谱，清光绪十一年（1885）木活字印本。

租覈一卷，清陶煦撰，光绪二十一年（1895）木活字印本。

和桥程氏正义宗谱十四卷，清程维俊、程孝商等续修，光绪二十七年（1901）木活字印本。

新阳县

范湖草堂遗稿六卷，清周闲撰，光绪十九年（1893）木活字印本。

周闲字存伯，浙江秀水人。善画花卉，曾官新阳知县。

常熟县

赵氏三集三卷，清赵宗建辑，咸丰五年（1855）赵氏旧山楼木活字印本。

总宜山房诗集一卷，清赵元绍撰。

一树棠棣馆诗集一卷，清赵元恺撰。

澄怀堂诗集一卷，清赵奎昌撰。

郁氏宗谱十二卷，清郁继有、郁开泰等十一修，光绪二年（1876）木活字印本。

自娱吟草四卷，清常熟金廷桂撰，光绪六年（1880）木活字印本。

严文靖公（讷）年谱一卷，清严炳、严燮编，光绪九年（1883）常熟严钟瑞木活字印本。

保闲堂集二十五卷，明虞山赵士春撰，清光绪九年（1883）虞山赵氏木活字印本。

常熟虞山邵氏宗谱一卷，清光绪十年（1884）木活字印本。

明瑟山庄课读图题辞二卷附一卷，清虞山曾之撰辑，光绪十一年（1885）木活字印本。

沙洲孙氏宗谱十六卷，清孙朝勇、孙孝友等纂修，光绪十五年（1889）积善堂木活字印本。

虞山宗氏谱略一卷，清宗汝刚、宗嘉谟纂修，光绪十六年（1890）木活字印本。

海虞曾氏家谱不分卷，清曾达文纂修，光绪二十年（1894）曾氏义庄木活字印本。

入云编四卷，清虞山赵世钺撰，光绪间虞山赵氏木活字印本。

晋书校文五卷，清常熟丁国钧撰，光绪二十年（1894）常熟丁氏木活字印本。

补晋书艺文志四卷附录一卷补遗一卷刊误一卷，清常熟丁国钧撰，其子辰注，光绪二十年（1894）常熟丁氏木活字印本。版心下方有“常熟丁氏丛书”六字。

希郑堂丛书（一名潘氏丛书），清潘任辑，光绪二十年（1894）

木活字印本。

郑君粹言三卷

说文粹言疏证二卷

博约斋经说二卷

孝经郑注考证一卷

周礼札记一卷

双桂轩答问一卷

希郑堂经义一卷

习是堂文集二卷附年谱一卷，清曾倬撰，曾之撰校，光绪二十年（1894）常熟曾氏义庄木活字印本。

补后汉书艺文志一卷考十卷，清常熟曾朴撰，光绪二十一年（1895）木活字印本。

万国公法释例二卷，清丁祖荫撰，光绪二十四年（1898）常熟丁氏木活字印本。

司马温公通鉴论二卷，宋司马光撰，季亮时编，清光绪二十四年（1898）常昭排印局木活字印本。

古今经世策论举隅八卷首一卷末一卷，清邵恒照辑，光绪二十四年（1898）常熟制心猿室木活字印本。

稽古录历代论一卷，宋司马光撰，季亮时编，清光绪二十四年（1898）常昭排印局木活字印本。

乾隆常昭合志十二卷首一卷，清王锦、杨继熊修，言如泗等纂，光绪二十四年（1898）常熟丁氏木活字印本。

琴川三志补记十卷续八卷，清黄廷鉴纂，光绪二十四年（1898）木活字印本。

常昭合志稿四十八卷首一卷末一卷，清郑钟祥、张瀛修、庞鸿文等纂，光绪三十年（1904）木活字印本。

虞山邵氏宗谱三卷首一卷，清虞山邵廷祯、邵玉铨纂修，光绪三十年（1904）嘉会堂木活字印本。

虞山邵氏宗谱世系图表四卷，清常熟邵松年编，光绪三十年（1904）嘉会堂木活字印本。

补篱遗稿八卷，清常熟姚福均撰，光绪三十一年（1905）木活字印本。

昭文县

续资治通鉴长编五百二十卷，宋李焘撰，清嘉庆二十四年（1819）昭文张氏爱日精庐木活字印本。每半页十二行，行二十一字。版心下印“爱日精庐”四字。目录后有“嘉庆己卯仲夏海虞张氏爱日精庐印行”牌记二行。

张金吾是著名藏书家，室名爱日精庐。嘉庆二十四年（1819）金吾从无锡得木活字十万余，又从何梦华处购得传钞“文澜阁”本，遂排印以传。

爱日精庐藏书志四卷，清昭文张金吾撰，嘉庆二十五年（1820）木活字印本。

师郑堂集六卷，清昭文孙雄撰，光绪十七年（1891）木活字印本。

吴江县

啬庵随笔六卷末一卷，清吴江陆文衡撰，光绪二十三年

（1897）裔孙同寿木活字印本。

陈氏易说四卷附录一卷，清吴江陈寿熊撰，光绪二十一年（1895）木活字印本。

娄县

通艺阁文集六卷补编一卷，清娄县姚椿撰，道光二十年（1840）木活字印本。

金山县

务民义斋算学三书，清徐有壬撰，同治间金山钱国宝木活字印本。

弢园尺牍八卷，清甫里逸民王韬撰，光绪二年（1876）天南遁窟木活字印本。

重订西青散记八卷附西清文略一卷，清金坛史震林手定，长洲王韬校订，光绪四年（1878）天南遁窟木活字印本。

蘅花馆诗录五卷，清长洲王韬撰，光绪六年（1880）天南遁窟木活字印本。

华阳散稿二卷，清金坛史震林撰，弢园老民王韬校勘，光绪九年（1883）天南遁窟木活字印本。

张秀民在《印刷史论文集》中说："近代改良主义者之一、苏州名士王韬旅居上海时，曾用木质活字创设弢园书局。打算排印自己的全部著作三十余种，一面印书，一面卖书。有的书虽然印出来，销不出去，造成资金积压，周转不灵，只好关门大吉。”

佚存丛书六帙，日本林衡辑，光绪八年（1882）沪上黄氏木活字印本。

第一帙

古文孝经一卷，汉孔安国传。

五行大义五卷，隋萧吉撰。

臣轨二卷，唐武后撰。

乐书要录三卷（存卷五至七），唐武后撰。

两京新记一卷（存卷三），唐韦述撰。

李峤杂咏二卷，唐李峤撰。

第二帙

文馆词林四卷（残），唐许敬宗等撰。

文公朱先生感兴诗一卷，宋朱熹撰。

武夷棹歌一卷，宋朱熹撰。

泰轩易传六卷，宋李中正撰。

左氏蒙求一卷，元吴化龙撰。

第三帙

唐才子传十卷，元辛文房撰。

王翰林集注黄帝八十一难经五卷，明王九思等撰。

第四帙

古本蒙求三卷，后晋李瀚撰。

崔舍人玉堂类稿二十卷，宋崔敦诗撰。

西垣类稿三卷，宋崔敦诗撰。

第五帙

周易新讲义十卷，宋龚原撰。

第六帙

宋景文公集（残存）三十二卷，宋宋祁撰。

劫火纪焚一卷，清高昌寒食生撰，光绪十一年（1885）上海萃珍斋木活字印本。收七言绝句六十六首。记太平军攻诸暨包村事。

读海外奇书室杂著一卷，清姚文栋撰，光绪间上海木活字印本。

楼山堂集二十八卷，明贵池吴应箕撰，宣统二年（1910）上海木活字印本。

青浦县

青浦续诗传八卷，清邑人何其超辑，光绪三十一年（1905）木活字印本。

常州府

武备志二百四十卷，明茅元仪撰，道光间（1821—1850）木活字印本。凡分五门：一曰《兵诀评》十八卷，二曰《战略考》三十三卷，三曰《阵练制》四十一卷，四曰《军资乘》五十五卷，五曰《占度载》九十三卷，

包世臣云："常州活字版字体差大，而工最整洁。始唯以供修谱，间及士人诗文小集。近且排《武备志》，成巨观。而讲求字划，编排行格，无不精密。底刻而面写，检校为易。以细土铺平，版背拆归皆便。"常州木字一头刻字，底面又写

字。所以拣字归字比较容易。又用细土在字盘内铺平，作为垫版之用。以此印工被称为“泥盘印工”。因为常州泥盘印工技术高明。所以安徽人把省立的官书局——曲水书局设立在常州龙城书院先贤祠内。醵金召募梓人，自备聚珍。

毗陵沙氏族谱六卷，清沙永贞、沙华年等三修，道光九年（1829）百寿堂木活字印本。

横林黄氏宗谱十五卷首一卷末一卷，清黄宪安等纂，道光十年（1830）木活字印本。

毗陵冯氏宗谱十二卷首一卷，道光十七年（1837）木活字印本。

固林巢氏宗谱四十九卷，清巢永宸、巢玉峰等六修，道光十七年（1837）木活字印本。

历代地理志韵编今释二十卷，清李兆洛撰，道光十七年（1837）辈学斋木活字印本。

皇朝舆地韵编二卷，清李兆洛撰，道光十七年（1837）辈学斋木活字印本。

养一斋文集，清武进李兆洛撰，道光间黄志述木活字印本。尾有跋称：“今以活字印先生之集，仓卒竣工。不能考核讹脱，以贻先生羞。言念及此，不免涕泪横集也。”

海国图志五十卷，清魏源撰，道光二十四年（1844）毗陵薛子瑜木活字印本。有“毗陵薛子瑜、杨承业排字印”一行。

登西台恸哭记一卷，宋谢翱撰，清咸丰元年（1851）木活字印本。

李氏迁常支谱八卷，清咸丰四年（1854）木活字印本。

屠氏毗陵支谱十六卷首一卷末一卷，清屠维聪等修，咸丰五年

（1855）敬齐堂木活字印本。

毗陵沙氏续谱二十卷续刊二卷，清沙寿年、沙顺宗等四修，咸丰九年（1859）木活字印本。

常州府八邑艺文志十卷，清卢文弨撰，咸丰九年（1859）木活字印本。

余冰怀先生年谱一卷（谱主余保纯），清周宗谟编，咸丰间木活字印本。

两当轩集二十卷考异二卷附录六卷，清黄景仁撰，咸丰间木活字印本。

周文襄公年谱一卷（谱主明人周忱），清毗陵胡滢撰，同治四年（1865）木活字印本。

汪子遗书六种，清汪绂撰，同治十二年（1873）曲水书局木活字印本。

易经铨义十五卷
礼记章句十五卷
礼记或问八卷
孝经章句或问二卷
易经如话十三卷
理学逢原十二卷

四书条辨六卷，清袁秉亮辑，同治间木活字印本。

晋陵先贤传，明欧阳东凤撰，同治七年（1868）木活字印本。

延陵荆村吴氏宗谱十二卷，同治四年（1865）木活字印本。

毗陵尤氏续修族谱，清尤莲溪等重修，同治七年（1868）木活字印本。

白沙圩吕氏宗谱二十一卷首一卷，清吕洪裕等修，同治九年（1870）渭起堂木活字印本。

毗陵范氏家乘十二卷，同治九年（1870）木活字印本。

毗陵姚氏宗谱三十卷首一卷，清姚师传、姚铸等修，同治十一年（1872）木活字印本。

毗陵孙氏家乘十五卷，同治十三年（1874）木活字印本。

晋陵白氏宗谱二十三卷首一卷，清白兰昌、白麟昌等六修，光绪元年（1875）仁荣堂木活字印本。

毗陵庄氏增修续谱十六册，清光绪元年（1875）木活字印本。

东门马氏宗谱八卷首一卷末一卷续编二卷附二卷，清马仲魁、马裕丰等重修，光绪元年（1875）木活字印本。

晋陵安尚马鞍墩朱氏宗谱十六卷首一卷末一卷，清朱光勋、朱有德等重修，光绪元年（1875）木活字印本。

毗陵陈氏宗谱三十卷，清光绪二年（1876）木活字印本。

西营刘氏家谱不分卷，清刘堃、刘炳照等重修，光绪二年（1876）木活字印本。

常州观庄赵氏支谱十六卷首一卷末一卷，清赵烈文、赵实等重修，光绪二年（1876）木活字印本。

兰陵萧氏宗谱十四卷首一卷，清萧仁瑗、萧仁茗等重修，光绪二年（1876）木活字印本。

毗陵徐氏宗谱二十四卷首一卷末五卷，光绪二年（1876）木活字印本。

毗陵张氏宗谱九卷，光绪二年（1876）木活字印本。

毗陵谢氏宗谱三十六卷，清谢顺德、谢光昭等重修，光绪三年（1877）宝树堂木活字印本。

晋陵蒋氏宗谱四卷，清蒋朝洪、蒋朝秀等主修，光绪三年（1877）木活字印本。

毗陵徐氏宗谱四十卷，清徐植诚、徐书涌等续修，光绪三年

（1877）木活字印本。

张家坝张氏宗谱八卷，清张义经纂修，光绪四年（1878）百忍堂木活字印本。

毗陵吕氏族谱二十二卷首一卷末一卷附毗陵吕氏茔墓图一卷，清吕嗣彬、吕金诚等重修，光绪四年（1878）木活字印本。

毗陵天井里张氏族谱十六卷，清张永裕等重修，光绪四年（1878）木活字印本。

毗陵承氏宗谱五十八卷首一卷末一卷，清承俊尊、承云等续修，光绪五年（1879）木活字印本。

常州卜氏宗谱十卷首一卷，清卜起元等修，光绪六年（1880）惇本堂木活字印本。

毗陵是氏宗谱三十卷，光绪六年（1880）木活字印本。

毗陵庵头吴氏宗谱九卷首一卷，清光绪六年（1880）木活字印本。

毗陵双桂里陈氏宗谱三十卷，光绪六年（1880）木活字印本。

石桥里陈氏宗谱六卷，清陈邦翰，陈银大等重修，光绪六年（1880）木活字印本。

第一奇书野叟曝言二十卷（一百五十二回），清夏敬渠撰，光绪七年（1881）毗陵汇珍楼木活字印本。

毗陵西滩陈氏宗谱十卷，清光绪八年（1882）木活字印本。

常州篁村陈氏宗谱四卷，清光绪八年（1882）木活字印本。

潞城邓氏宗谱四卷，清邓瑞甫、邓善培继修，光绪八年（1882）木活字印本。

晋陵高氏宗谱八卷，清高近远、高文炳等重修，光绪八年（1882）木活字印本。

毗陵恽氏义庄规条一卷，不署编者姓氏，光绪间木活字印本。

毗陵武城沈氏续修宗谱十卷，清沈信储、沈浚源等续修，光绪八年（1882）木活字印本。

毗陵孟氏宗谱十二卷首一卷，清光绪十年（1884）木活字印本。

小留徐氏八修宗谱六卷，清徐虞臣、徐树咸等重修，光绪十年（1884）木活字印本。

常州东戴汤氏宗谱十二卷，清光绪十一年（1885）木活字印本。

毗陵沙氏宗谱十卷，清光绪十一年（1885）木活字印本。

思贤录八卷，元谢应芳撰，明谢量增订，清光绪十一年（1885）木活字印本。

康熙常州府志三十八卷首一卷，清于琨修，陈玉璂纂，光绪十二年（1886）木活字印本。

道光武进阳湖县合志三十六卷首一卷，清孙琬、王德茂修，李兆洛、周仪暐纂，光绪十二年（1886）木活字印本。

毗陵唐氏家谱二十四册，清光绪十二年（1886）木活字印本。

丁堰张氏宗谱十二卷首一卷，清光绪十三年（1887）木活字印本。

毗陵吴氏续修宗谱八卷，清吴富德、吴其贤等续修，光绪十三年（1887）木活字印本。

丁堰张氏宗谱十二卷首一卷，清张衡芳、张兆魁等重修，光绪十三年（1887）木活字印本。

团练纪实二卷，清金吴澜修，庄毓鋐、薛绍元纂，光绪十四年（1888）木活字印本。

武阳志余十二卷首一卷，清庄毓鋐、陆鼎翰纂修，光绪十四年

（1888）木活字印本。

毗陵陈氏宗谱八卷，清光绪十四年（1888）木活字印本。

毗陵安尚桥邵氏宗谱六卷，清光绪十五年（1889）木活字印本。

晋陵渔庄安尚周氏宗谱二十卷首一卷，清周庆荣、周鹤亭等重修，光绪十五年（1889）木活字印本。

常州左氏宗谱六卷，光绪十六年（1890）木活字印本。

晋陵蒋湾桥周氏续修宗谱十二卷，清周济棠复修，光绪十七年（1891）木活字印本。

毗陵孟氏续修宗谱十二卷首一卷末一卷附请复祭费全稿一卷，清孟道鸣等续修，光绪十八年（1892）木活字印本。

毗陵谈氏宗谱二卷，清谈龙燮、谈应福等修，光绪十九年（1893）木活字印本。

医悟十二卷，清孟河马冠群撰，光绪十九年（1893）木活字印本。

毗陵杨氏宗谱十二卷，清光绪二十年（1894）木活字印本。

晋陵奚氏宗谱二十六卷，清奚庆焕、奚应德等重修，光绪二十年（1894）木活字印本。

晋陵高氏支谱二卷首一卷末一卷，清高缙修，光绪二十一年（1895）木活字印本。

毗陵山东桥胡氏宗谱六卷，清胡雅堂等续修，光绪二十一年（1895）木活字印本。

李氏迁常支谱十卷，清李翼清、李麟图等续修，光绪二十二年（1896）木活字印本。

常州白洋桥沈氏宗谱二十二卷首一卷末一卷，光绪二十三年（1897）木活字印本。

古歙潭渡朱氏迁常支谱不分卷，光绪二十四年（1898）木活字印本。

毗陵巢氏宗谱十二卷，清巢盈昇、巢乃济等重修，光绪二十四年（1898）木活字印本。

毗陵墅村蒋氏再修宗谱十卷，清蒋全川再修，光绪二十四年（1898）木活字印本。

毗陵东直黄氏玉林公宗谱四卷，清黄永全等重修，光绪十五年（1889）木活字印本。

毗陵戚墅堰刘氏宗谱十六卷首一卷，光绪二十六年（1900）木活字印本。

毗陵戚墅堰刘氏增修宗谱十六卷，清刘洪兴、刘瑛等增修，光绪二十七年（1901）木活字印本。

毗陵邱墅周氏宗谱八卷，清周添寿、周添成等续修，光绪二十八年（1902）木活字印本。

毗陵袁氏宗谱六卷，清袁儒明、袁骏等重修，光绪二十九年（1903）木活字印本。

毗陵承氏宗谱五十八卷首一卷末一卷，清承锡令、承乃诏等重修，光绪二十九年（1903）木活字印本。

毗陵沈氏宗谱四卷，光绪三十年（1904）木活字印本。

毗陵周氏宗谱六卷，光绪三十年（1904）木活字印本。

闸头刘氏宗谱八卷，清刘开林、刘邦泰等重修，光绪三十年（1904）木活字印本。

毗陵镇塘桥杨氏宗谱十四卷，清光绪三十年（1904）木活字印本。

屠氏毗陵支谱二十卷首一卷末一卷，清屠寄等重修，光绪三十年（1904）木活字印本。

毗陵吕氏续谱二十四卷首一卷末一卷，清吕金诚、吕继午等续修，光绪三十一年（1905）木活字印本。

晋陵闸头刘氏宗谱八卷，光绪三十一年（1905）木活字印本。

常州溪北蒋氏宗谱二十卷，光绪三十一年（1905）木活字印本。

毗陵吕氏族谱二十四卷首一卷末一卷，光绪三十一年（1905）木活字印本。

毗陵徐氏宗谱四十二卷首一卷末一卷，光绪三十一年（1905）木活字印本。

前洲西里唐氏宗谱十二卷，光绪三十二年（1906）木活字印本。

常州城湾张氏宗谱三十二卷，光绪三十二年（1906）木活字印本。

毗陵西郊吴氏宗谱四卷，光绪三十四年（1908）木活字印本。

晋陵沿溪宋氏家乘二十卷，光绪三十年（1904）木活字印本。

常州观庄赵氏支谱十六卷末一卷，光绪间木活字印本。

常州马氏宗谱八卷首一卷末一卷附二卷，清马裕丰修，光绪间木活字印本。

郑埜阳公冤狱辨一卷，光绪间木活字印本。

琅琊费氏武进支谱，宣统元年（1909）木活字印本。

白沙陈氏必元房谱七卷首二卷，清陈鸿儒等修，宣统元年（1909）木活字印本。

毗陵张氏族谱不分卷，宣统二年（1910）木活字印本。

武进县

三朝野记七卷，清江上遗民李逊之辑，道光四年（1824）武进李兆洛木活字印本。记泰昌甲申至崇祯甲申间事。

药性集要便读二卷，清武进岳昶撰，道光二十三年（1843）嵩阳书屋木活字印本。

痘法述原三卷，清武进曹禾撰，道光二十四年（1844）惜阴书屋木活字印本。

咏梅轩类编十卷，清武进谢兰生辑，咸丰元年（1851）木活字印本。

浮桥黄氏宗谱二十卷，清黄之鹏续纂，咸丰二年（1852）木活字印本。

本草述钩元三十二卷，清武进杨时泰辑，同治十年（1871）木活字印本。

军兴本末纪略四卷，清武进谢兰生撰，同治十一年（1872）木活字印本。

咏梅轩稿六卷，清武进谢兰生撰，同治间木活字印本。

蚕桑备要一卷，清武进盛宣怀辑，光绪二年（1876）武进盛氏思补楼木活字印本。

林文忠公奏议六卷，清林则徐撰，光绪二年（1876）盛氏思补楼木活字印本。

曾文正公奏议八卷补遗一卷，清曾国藩撰，光绪二年（1876）盛氏思补楼木活字印本。

胡文忠公奏议六卷，清胡林翼撰，光绪二年（1876）盛氏思补楼木活字印本。

资治通鉴补二百九十四卷，明吴郡严衍撰，光绪二年（1876）

武进盛氏思补楼木活字印本。

秋水轩诗词选二卷，清庄盘珠撰，光绪二年（1876）武进盛氏思补楼木活字印本。

武进颜塘桥朱氏宗谱六卷，光绪四年（1878）木活字印本。

邗州迁武进孟河柴氏宗谱六卷，光绪四年（1878）木活字印本。

武进河墩谈氏宗谱十八卷首一卷，清谈璿朗、谈福海修，光绪十一年（1885）木活字印本。

琅琊费氏武进支谱十卷首一卷末一卷，清费学曾、费裕昆等续修，光绪十一年（1885）木活字印本。

武进西盖赵氏族谱十二册，光绪十二年（1886）木活字印本。

是仲明年谱一卷杂著一卷，武进是镜撰，金吴澜编，光绪十三年（1887）木活字印本。

亦有生斋集乐府二卷，清武进赵怀玉撰，光绪十三年（1887）木活字印本。

武进管庄臧氏宗谱八卷，清臧凤生、臧昇庆等增定，光绪二十四年（1898）木活字印本。

孙子集解十三卷，清武进顾福棠（原名成章）撰，光绪二十六年（1900）木活字印本。

李二曲先生集录要四卷，清李颙撰，倪元坦辑，周文进订，光绪二十六年（1900）毗陵石铭章木活字印本。

倪畬香先生慎独图说二卷，清倪元坦撰，光绪二十六年（1900）毗陵石铭章木活字印本。

武进张氏宗谱四卷，清张清鉴、张彬等续修，光绪三十年（1904）木活字印本。

武进唐氏家谱一册，清光绪三十四年（1908）木活字印本。

论语发疑四卷，清武进顾成章撰，光绪间木活字印本。

西厓经说四卷，清武进顾成章撰，光绪间木活字印本。

武进谢氏宗谱五十四卷首一卷末一卷，清谢兰生等修，光绪间木活字印本。

万物炊累室骈文一卷，清武进沈同芳撰，光绪间木活字印本。

武进羊氏宗谱八卷，宣统三年（1911）木活字印本。

诗话二卷，清武进钱梦鲲撰，宣统间木活字印本。

潞城邓氏宗谱六卷，清邓川大、邓三宝等重修，宣统三年（1911）木活字印本。

常州小留徐氏宗谱十二卷，宣统三年（1911）木活字印本。

阳湖县

京畿金石考二卷，清阳湖孙星衍撰，乾隆五十七年（1792）问字堂木活字印本。

阳湖昇东刘氏宗谱十四卷，道光二十八年（1848）木活字印本。

大清一统志三百五十六卷，清乾隆二十九年官撰，道光二十九年（1849）阳湖薛子瑜木活字印本。

倩景楼诗词遗稿二卷，清阳湖女史陆蒨撰，咸丰六年（1856）木活字印本。

产孕集二卷，清阳湖张曜孙撰，同治四年（1865）木活字印本。

阳湖长队尤氏续谱六卷，清尤莲溪等重修，同治七年（1868）木活字印本。

常州观庄赵氏支谱十六卷末一卷，清赵烈文修，光绪二年

（1876）木活字印本。

阳湖钱氏宗谱十二卷，清钱潮海、钱维善等续修，光绪七年（1881）木活字印本。

汉西域图考七卷图一卷，清李光廷撰，光绪八年（1882）阳湖寿谖草堂木活字印本。

李申耆年谱三卷附一卷，清阳湖蒋彤撰，光绪十三年（1887）金吴澜木活字印本。

移华馆骈体文四卷，清阳湖董基诚、董祐诚撰，光绪十四年（1888）木活字印本。

阳湖欢塘张氏宗谱，光绪十七年（1891）木活字印本。

阳湖昇东刘氏宗谱二十卷，清刘叙正、刘维晋等九修，光绪十六年（1890）木活字印本。

餐芍华馆诗集八卷词一卷，清阳湖周腾虎撰，光绪九年（1883）木活字印本。

学聚堂初稿六卷，清阳湖姚祖泰等辑，光绪十四年（1888）木活字印本。

痘症心法十二卷首一卷，清阳湖段希孟撰，光绪二十五年（1899）木活字印本。

钱氏菱溪续谱十八卷首一卷，清钱履荣、钱廷焕等六修，光绪三十二年（1906）木活字印本。

阳湖大墩虞氏宗谱二十四卷首八卷，光绪三十二年（1906）木活字印本。

阳湖钱氏家集，清阳湖钱振锽辑，光绪三十三年（1907）阳湖钱氏木活字印本。

佳乐堂遗稿一卷，清钱钧撰。

九峰阁诗文集十卷，清钱响杲撰。

谪星初集六卷，清钱振锽撰。

谪星二集五卷，清钱振锽撰。

谪星三集五卷，清钱振锽撰。

云在轩诗集三卷笔谈一卷，钱希撰。

北窗吟草一卷，钱永撰。

谪星词一卷，清钱振锽撰。

谪星对联一卷，清钱振锽撰。

乩诗录一卷，清钱振锽撰。

求拙斋遗诗一卷，清蒋南棠撰。

毗陵刘氏宗谱十六卷，光绪三十四年（1908）木活字印本。

知非斋古文录不分卷，清阳湖沈湛钧撰，光绪间木活字印本。

元征府君年状一卷，清阳湖方楷撰，光绪间木活字印本。

无锡县

迁松阁诗钞十二卷，清无锡李雝来撰，乾隆四十九年（1784）乐旨堂木活字印本。

锡金考乘十四卷，清勾吴周有壬撰，嘉庆间（1796—1820）木活字印本。

重刻天游集十卷，明无锡王达撰，道光二十一年（1841）王芝林木活字印本。

梁溪倪氏宗谱十四卷，咸丰七年（1857）木活字印本。

锡山周氏世谱二卷，清周瑞川修，周鼎元等纂，同治十年（1871）木活字印本。

无锡白沙圩吕氏续修宗谱二十一卷首一卷，清吕洪裕、吕正兴等重修，同治九年（1870）木活字印本。

陆氏世谱□□卷，同治间无锡仰贤堂木活字印本。苏州博物馆存残本六十七卷。

前洄浦氏宗谱二十四卷首一卷附诵芬录五卷，清浦廉珠、浦养泉等修，同治十年（1871）木活字印本。

孔子升大祀考一卷，清无锡陶士檩、侯学愈同辑，同治十年（1871）木活字印本。

锡山李氏世谱三十六卷首一卷，清李锡奎、李洞等续修，同治十一年（1872）木活字印本。

无锡荣氏宗谱十六卷，清荣胜源、荣汝楫等重修，同治十一年（1872）木活字印本。

锡山秦氏宗谱十二卷，清秦赓彤等修，同治十二年（1873）木活字印本。

锡山马氏宗谱二十卷，清马福培、马廷耀等重修，同治十二年（1873）木活字印本。

锡山梁塘戴氏宗谱二十四册，同治十二年（1873）木活字印本。

锡山张氏宗谱十册，清张富扬、张尔寿等重修，同治十二年（1873）木活字印本。

锡山陈氏家乘二十四卷，同治十二年（1873）木活字印本。

高忠宪公诗集八卷，明锡山高攀龙撰，同治十二年（1873）无锡高氏木活字印本。

无锡曹村濮氏宗谱二十卷，同治十三年（1874）木活字印本。

堠山钱氏宗谱十八册，同治十三年（1874）木活字印本。

锡山平氏宗谱十卷，清平静安等修，同治十三年（1874）修齐堂木活字印本。

悟秋草堂诗集十卷，明梁溪顾杲撰，光绪元年（1875）木活字印本。

华氏通四怡隐公支宗谱十五卷首一卷末一卷，光绪三年（1877）木活字印本。

锡山陡门秦氏宗谱十卷首一卷附图表十四卷，清秦世荣、秦世诠等修，光绪三年（1877）归厚堂木活字印本。

张氏宗谱十二卷，清张殿栋、张棻修，光绪四年（1878）安镇资敬堂木活字印本。

毗陵锡山时氏宗谱十四卷，光绪四年（1878）木活字印本。

锡山冯氏宗谱十八卷，清冯惠芳修，光绪四年（1878）木活字印本。

吴越钱氏清芬志十种，清钱日煦纂，光绪四年（1878）木活字印本。

重修马迹山志八卷首一卷，清许棫撰，光绪五年（1879）木活字印本。

吴氏宗谱二十卷，光绪六年（1880）木活字印本。

无锡蔡氏信派支谱附仁派支谱（共八册），光绪七年（1881）木活字印本。

梅巷赵氏重修宗谱十二卷，清赵时芬修，光绪七年（1881）木活字印本。

无锡吴氏宗谱十六册，光绪八年（1882）木活字印本。

箨仙词稿五卷，清吴宝书撰，光绪八年（1882）木活字印本。

华节愍公年谱二卷首一卷末一卷，清无锡华衷黄述，华玉澄补编，光绪八年（1882）存裕堂木活字印本。

犊山类稿十三卷，清无锡周镐撰，光绪十年（1884）无锡荣汝楫木活字排印本。

犊山文稿六卷

课易存商一卷

读书杂记一卷

随笔杂记一卷

犊山诗稿四卷

蓉湖张氏宗谱十四卷首一卷，清光绪十一年（1885）木活字印本。

锡山周氏世谱十六卷，清光绪十一年（1885）木活字印本。

吴氏统谱六卷首一卷末一卷，清吴慕莲等续修，光绪十二年（1886）锡山至德祠木活字印本。

锡山周氏世谱祠祀全编十六卷，清周荣增、周毓祺等续修，光绪十三年（1887）木活字印本。

锡山李氏世谱五卷首一卷，光绪十三年（1887）木活字印本。

己未词科录十二卷，清无锡秦瀛辑，光绪十四年（1888）无锡艺文斋木活字印本。

芙蓉湖修堤录八卷，清张之杲纂，光绪十五年（1889）木活字印本。

梁溪孙氏宗谱六卷，清孙凤冈、孙宝彝等续修，光绪十五年（1889）木活字印本。

忍草庵志四卷，清刘继曾撰，光绪十七年（1891）锡山遂初堂木活字印本。

辟疆园遗集十卷，清梁溪顾敏恒等撰，光绪十八年（1892）木活字印本。

笠舫诗稿六卷，顾敏恒撰。

霭云草一卷，顾敩愉撰。

筠溪诗草二卷，顾敬恂撰。

幽兰草一卷，顾飏宪撰。

无锡景云江陂杨氏宗谱十一卷首一卷末一卷，清杨熊飞、杨凤根等续修，光绪十八年（1892）木活字印本。

功虫录二卷，清锡山无闷道人（秦偶僧）撰，光绪十八年（1892）木活字印本。首有杨缙《斗蟋蟀赋》一篇，尾有“壬辰七月甲辰阳湖鲁之愚印完”一行。

湖海诗瓢一卷，清张元吉撰，光绪十九年（1893）无锡文苑阁木活字印本。

铁庄文集八卷疏快轩诗集二卷诗余一卷，清勾吴陆楣撰，光绪二十一年（1895）曹氏乐善堂木活字印本。

顾双溪集九卷，清锡山顾奎光撰，光绪二十一年（1895）木活字印本。

锡山五牧周氏宗谱十二卷附录二卷，清周增福等修，光绪二十一年（1895）怀德堂木活字印本。

锡金识小录十二卷，清黄卬纂，光绪二十二年（1896）无锡王念祖木活字印本。

锡山方氏宗谱十五卷首一卷，清方州云、方殿荣等续修，光绪二十三年（1897）木活字印本。

无锡白话报，清无锡裘毓芳编，光绪二十四年（1898）三月在无锡城内沙巷出版。每五日发一期。木刻活字毛边纸印。每册十余页。从第五期起改名《中国官音白话报》，每半月出一期。

锡山曹村濮氏宗谱十七卷，清濮庚元等八修，光绪二十五年（1899）木活字印本。

锡山刘氏宗谱十六卷，清刘宏福等续修，光绪二十六年（1900）木活字印本。

柳荡刘氏宗谱二十二卷首一卷，刘洪兴等增修，光绪二十七年

（1901）木活字印本。

梁溪张氏宗谱十六卷，清光绪二十七年（1901）木活字印本。

高子水居志六卷，清锡山杨殿奎辑，光绪间木活字印本。

锡山历朝名人著述书目考十二卷，清无锡高鏷泉辑，光绪二十八年（1902）无锡天爵堂木活字印本。

锡山徐氏宗谱九十四卷，清徐建寅、徐家保等重修，光绪三十一年（1905）木活字印本。

勾吴华氏本书五十四卷，清华绪、华鸿模重修，光绪三十一年（1905）木活字印本。

锡金乡土地理二卷，清侯鸿鉴编，光绪三十二年（1906）艺文斋木活字印本。

嵇氏宗谱八卷首一卷，清嵇尔霖续修，光绪三十三年（1907）木活字印本。

堠山钱氏宗谱三十卷，清钱熙元、钱福炯等续修，光绪三十三年（1907）木活字印本。

苹香书屋纪略七卷，清邹文柏撰，光绪三十四年（1908）木活字印本。

地理辨正续解四卷，清温荣镳撰，光绪间文苑阁木活字印本。

焦桐集四卷，清张元吉辑，光绪间文苑阁木活字印本。

丹魁书屋剩稿一卷，清钱福炜撰，宣统元年（1909）木活字印本。

响泉集二十一卷，清顾光旭撰，宣统二年（1910）顾氏木活字印本。

锡金科第考六卷，清高鏷泉辑，顾铭书参。宣统二年（1910）木活字印本。

荣氏宗谱二十二卷，清荣汝棻、荣福令等重修，宣统二年

（1910）木活字印本。

锡山蒋氏宗谱二十六卷，清蒋士桐等重修，宣统二年（1910）木活字印本。

莲溪严氏宗谱十二卷附五卷，清严肃等续修，宣统二年（1910）木活字印本。

锡山青圻陆氏世谱十二卷，清陆筠德、陆钟奇等重修，宣统二年（1910）木活字印本。

华氏通四三省公支宗谱十五卷首三卷末一卷，清华鸿模重修，宣统三年（1911）存裕堂木活字印本。

梁溪诗钞五十八卷，清顾光旭辑，宣统三年（1911）文苑阁木活字印本。

华豫庵先生集二卷，明无锡华启直撰，清宣统三年（1911）存裕堂木活字印本。

国朝书画家笔录四卷，清无锡窦镇撰，宣统三年（1911）文苑阁木活字印本。

赐书堂杨氏谱传二册，宣统间木活字印本。

泪花集二卷，清裘廷桢撰，宣统间木活字印本。

金匮县

锡山揽袂集二首首一卷附松滋祠庙事略一卷，清邵吟泉辑，同治十二年（1873）木活字印本。

古杼秋馆遗稿三卷，清金匮侯桢撰，同治十二年（1873）木活字印本。

燹余遗稿三卷，清金匮侯桢撰，同治十二年（1873）木活字印本。

禹贡古今注通释六卷，清金匮侯桢撰，光绪元年（1875）木活字印本。

三省轩自记一卷，清王世恩撰，光绪十一年（1885）木活字印本。

蓉裳公自订年谱一卷，清金匮杨芳灿撰，光绪十三年（1887）木活字印本。

芙蓉山馆志序存稿一卷移筝词一卷拗莲词一卷，清金匮杨芳灿撰，光绪十三年（1887）赐书堂木活字印本。

芙蓉山馆师友尺牍一卷，清杨芳灿撰，光绪十三年（1887）赐书堂木活字印本。

云阳纪事一卷，清余绍元撰，觉梦词一卷，清余一硆撰，光绪十三年（1887）赐书堂木活字印本。

芙蓉山馆全集二十卷，清杨芳灿撰，光绪十七年（1891）刘继曾木活字印本。

芙蓉山馆诗钞八卷补抄一卷

芙蓉山馆词钞二卷附钞一卷

芙蓉山馆文钞八卷

金匮甘露柳氏宗谱八卷首一卷，清金匮柳畅等续修，光绪十九年（1893）木活字印本。

响泉年谱一卷（谱主顾光旭），光绪二十三年（1897）木活字印本。

麟洲杂著四卷，清金匮钱赞黄撰，光绪二十四年（1898）木活字印本。

枕渔韵学二种二卷，清金匮顾淳撰，光绪二十五年（1899）木活字印本。

毛诗古音述一卷

声音转移略一卷

孙文靖公年谱一卷（谱主孙尔准），清金匮孙慧惇、慧翼辑，光绪二十八年（1902）木活字印本。

江阴县

暨阳义安蒋氏宗谱八卷首一卷，清蒋赞虞等修，乾隆四十六年（1781）木活字印本。

暨阳古竹王氏宗谱六册，清王光斗等重修，乾隆六十年（1795）木活字印本。

江阴花塘刘氏宗谱四卷，清刘锦起等重修，嘉庆十三年（1808）木活字印本。

江阴季氏宗谱十二册，清季方晓、季秉信重修，道光元年（1821）木活字印本。

江阴县志二十八卷首一卷，道光二十年（1840）木活字印本。

暨阳答问六卷，清蒋彤辑，道光二十二年（1842）洗心玩易之室木活字印本。

暨阳风俗赋一卷，清浣溪石昭炳撰，道光二十三年（1843）铁蕉吟馆木活字印本。

开沙王氏宗谱十卷，清道光二十六年（1846）木活字印本。

我媿之集一卷，清江阴何栻撰，咸丰七年（1857）木活字印本。

东兴缪氏宗谱四十卷首一卷末一卷附一卷，清江阴缪逢垣九修，同治十年（1871）木活字印本。

暨阳汤氏宗谱三十六卷首一卷末一卷、家藏集选四卷，清汤琴青等修，同治十年（1871）木活字印本。

澄江香山胡氏宗谱四十二卷，同治十一年（1872）木活字印本。

江阴赵氏宗谱八卷，同治十一年（1872）木活字印本。

暨阳许氏宗谱十卷首一卷，同治十一年（1872）木活字印本。

沙洲王氏宗谱六卷，同治十二年（1873）木活字印本。

暨阳紫严王氏宗谱，清王友仁、王能章等重修，同治十二年（1873）木活字印本。

澄江史氏世谱四卷首一卷末一卷，光绪二年（1876）木活字印本。

江阴祝氏宗谱八卷首一卷末一卷，清祝康民重修，光绪三年（1877）木活字印本。

江阴袁氏宗谱二十卷首一卷，光绪四年（1878）木活字印本。

王氏三沙全谱三卷首三卷，清王钟重修，光绪六年（1880）木活字印本。

江阴高氏宗谱十二卷，清高焕章、高鸣盛重修，光绪七年（1881）木活字印本。

徐霞客游记十册附补编一卷，明江阴徐弘祖撰，清季梦良等编，光绪七年（1881）瘦影山房木活字印本。

春晖韩氏宗谱十六卷首一卷，清韩勰辑，光绪八年（1882）木活字印本。

杨舍堡城志稿十四卷首一卷，清叶长龄纂，叶仲敏重辑，光绪九年（1883）江阴叶氏木活字印本。

暨阳章卿赵氏宗谱三十卷，光绪九年（1883）木活字印本。

暨阳徐氏宗谱八卷，清徐泉、徐颖等重修，光绪十三年（1887）木活字印本。

江阴后底泾吴氏宗谱十九卷首一卷末一卷，光绪十三年

（1887）木活字印本。

暨阳傅氏宗谱，光绪十八年（1892）木活字印本。

澄江君山冯氏宗谱十一卷首一卷末一卷，光绪十八年（1892）木活字印本。

江阴程氏谱书四种十六册，清程绍薪等编，光绪二十年（1894）木活字印本。

皖苏程氏通谱

江南程氏信谱

二程理学渊流

程氏丛书集锦

暨阳南门赵氏宗谱八十册，清光绪二十年（1894）木活字印本。

江阴六氏宗谱六卷首一卷，清六祖森、六祖瀛等续修，光绪二十二年（1896）侯城书屋木活字印本。

江阴陈氏支谱四卷首一卷末一卷，清陈以昭、陈清鉴等创修，光绪二十三年（1897）木活字印本。

澄江苏氏族谱二十二卷首一卷，清苏宗振纂修，光绪二十六年（1900）忠孝堂木活字印本。

国朝史论约钞四卷，清章国华、缪楷辑，光绪二十七年（1901）江阴章氏紫荆书屋木活字印本。

澄江香山胡氏宗谱五十卷首一卷，清胡本绅、胡仁寿等续修，光绪二十九年（1903）木活字印本。

暨阳流璜张氏宗谱三十三卷首一卷，光绪三十年（1904）木活字印本。

江阴袁氏宗谱二十卷首一卷，清袁文经、袁庚堂重修，光绪三十一年（1905）木活字印本。

澄江范氏宗谱十六卷，光绪三十一年（1905）木活字印本。

暨阳汤氏宗谱十八卷首一卷，清汤恒书、汤志仁等重修，光绪三十三年（1907）木活字印本。

暨阳新安苏氏族谱四卷，清苏钰纂修，光绪间苏氏忠孝堂木活字印本。

暨阳东安包氏宗谱十二卷，清包毓麟、包顺余等重修，宣统二年（1910）木活字印本。

春晖志实二卷，清江阴杨福祺述，宣统三年（1911）木活字印本。

江阴章氏支谱五卷首一卷，清章钟颖、章锡彭等重修，宣统三年（1911）木活字印本。

宜兴县

嘉庆新修宜兴县志四卷首一卷，清阮升基、宁楷纂，同治八年（1869）木活字印本。

增修宜兴县旧志十卷首一卷末一卷，清李先荣原本，阮升基增修，宁楷等增纂，同治八年（1869）木活字印本。

任午桥存稿三卷，清宜兴任朝桢撰，同治八年（1869）木活字印本。

堵文忠公年谱（谱主堵允锡），清邑人张夏编，同治十三年（1874）木活字印本。

东门马氏宗谱八卷首一卷末一卷续编四卷，清马仲魁、马裕丰等重修，光绪元年（1875）木活字印本。

北渠吴氏翰墨二十卷，清吴光焯续修，光绪五年（1879）木活字印本。

宜兴襄王汤氏宗谱十卷首一卷末一卷，光绪二十五年（1899）木活字印本。

和桥程氏正义宗谱十四卷，清程维俊、程孝商等续修，光绪二十七年（1901）木活字印本。

宜兴蒋氏宗谱十六卷，清蒋九成、蒋明发等重修，光绪三十年（1904）木活字印本。

小棠周公年谱一卷（谱主周家楣），清宜兴周志靖辑，光绪间木活字印本。

双树轩诗初稿十二卷，清宜兴储麟趾撰，光绪间木活字印本。

荆溪县

新修荆溪县志四卷首一卷，清唐仲冕修，宁楷纂，同治八年（1869）木活字印本。

靖江县

靖江陈氏谱略六卷首一卷，清陈楠、陈司凯等重修，张英梅纂修，道光十一年（1831）木活字印本。

靖江戏鱼墩刘氏宗谱二十八卷，清刘楚宝、刘义和等重修，光绪三十三年（1907）木活字印本。

抱碧斋诗词五卷，清宜兴储国钧撰，光绪间木活字印本。

急救痧方一卷，清徐子默辑，光绪间木活字印本。尾有“宜兴蛟桥简文斋刻活版”一行。

镇江府

大港赵氏族谱十二卷，清赵跃等修，乾隆四十四年（1779）木活字印本。

京口严氏宗谱九卷首一卷末一卷，清严玉湘、严清越等重修，乾隆四十四年（1779）木活字印本。

笃素堂文集四卷，清张英撰，乾隆间木活字印本。

澄怀园语四卷，清张廷玉撰，乾隆间木活字印本。

润州朱方镇尤氏族谱六卷，清江为霖纂，嘉庆七年（1802）木活字印本。

京江严氏宗谱九卷，清严清越、严士榜等重修，嘉庆九年（1804）木活字印本。

京口丁氏族谱八卷，清江为霖等续修，嘉庆十三年（1808）松铭堂木活字印本。

京口朱方陈氏宗谱八卷，嘉庆十六年（1811）木活字印本。

润州姚氏宗谱四卷，嘉庆十八年（1813）木活字印本。

润东顺江洲陶氏续谱四卷，清陶秀资等修，道光元年（1821）木活字印本。

润州曹氏重修宗谱二卷，清华世章纂，道光二年（1822）木活字印本。

润州曹氏重修宗谱四卷，清曹锦章、曹懋昭等重修，道光二年（1822）木活字印本。

全城章氏族谱八卷，清章起凤等修，道光五年（1825）木活字印本。

京江柳氏重修家谱十卷，清柳蓉等重修，道光五年（1825）木活字印本。

润东彪林朱氏宗谱二十四卷，道光六年（1826）木活字印本。

润州邹氏宗谱四卷，清邹衍庆、邹衍斯等增修，道光八年（1828）木活字印本。

润东梅巷赵氏续修宗谱八卷，清赵彦、赵恒续修，道光九年（1829）木活字印本。

润州大港赵氏分谱六卷，清赵方栋等重修，道光十年（1830）木活字印本。

润东图南陈氏重修族谱二卷，清道光十一年（1831）木活字印本。

润州陈氏宗谱四卷，清陈培荣等纂修，道光十一年（1831）木活字印本。

润州杨氏族谱四卷，清道光十二年（1832）木活字印本。

陈氏族谱四卷，清陈宗联、陈尧令等续修，道光十三年（1833）木活字印本。

京江严氏宗谱四卷，清严士榛、严士枢等重修，道光十三年（1833）木活字印本。

京口张氏族谱四卷，清张元等重修，道光十七年（1837）木活字印本。

润东朱氏族谱十二卷，道光十九年（1839）木活字印本。

京江马氏宗谱二卷，清马宏焕、李光治等重修，道光十九年（1839）木活字印本。

古润顾氏宗谱十二卷，清顾沅等重修，道光二十一年（1841）木活字印本。

古润州开沙丁氏重修族谱八卷，清道光二十四年（1844）木活字印本。

润东彪林朱氏统修宗谱二十四卷，清朱元基、朱元广等重修，道光二十六年（1846）木活字印本。

开沙王氏重修甲分谱系十卷，清王元禄、王义培等重修，道光二十六年（1846）木活字印本。

润西永固州蒋氏重修族谱二卷，清蒋从宣、舒彝训等重修，道光二十九年（1849）木活字印本。

京江眭氏支谱二卷，清眭廷佑等重修，咸丰元年（1851）木活字印本。

润州赵氏分谱八卷，清赵澧、赵棫等重修，咸丰元年（1851）木活字印本。

京口大港赵氏族谱八卷，清咸丰元年（1851）木活字印本。

京江杨氏族谱四卷，清杨茂森、杨正洪等重修，咸丰元年（1851）木活字印本。

润东顺江州陶氏重修族谱六卷，清陶荣等重修，同治六年（1867）木活字印本。

大港赵氏第八大分大二公支下屏翰分宗谱八卷，清朱炳煌、赵存高等重修，同治六年（1867）木活字印本。

京江丁氏族谱八卷，同治十二年（1873）木活字印本。

京江李氏宗谱二卷，清李士鏻等重修，光绪十三年（1887）木活字印本。

润东彪社纪巷纪氏十修宗谱十卷，清纪崇国、纪崇祥等重修，光绪元年（1875）木活字印本。

京江张氏宗谱六卷，清张浈、张森等重修，光绪五年（1879）木活字印本。

京江盛氏续修宗谱四卷，清盛庆孚等续修，光绪五年（1879）木活字印本。

润州开沙卢氏宗谱十卷，清卢家椿、卢家祯等五修，光绪六年

（1880）木活字印本。

京口宋氏宗谱二卷，光绪六年（1880）木活字印本。

润州徐氏宗谱四卷，光绪六年（1880）木活字印本。

润州崔氏宗谱不分卷，光绪八年（1882）木活字印本。

京江刘氏宗谱四卷，清刘志奎、刘秉铨等重修，光绪九年（1883）木活字印本。

京江赐礼堂戴氏家乘六卷，清戴燮元等重修，光绪十一年（1885）木活字印本。

京江何氏家乘十五卷首一卷末二卷，清何志庆等重修；附支谱二卷，清何佳琛辑。光绪十三年（1887）木活字印本。

京江李氏宗谱二卷，清李士鏻等重修，光绪十三年（1887）惇睦堂木活字印本。

京江杨氏族谱四卷，光绪十四年（1888）木活字印本。

京江杨氏宗谱十卷，清杨之祥、杨鸣谦等重修，光绪十四年（1888）木活字印本。

京江柳氏宗谱十卷，清柳预生重修，光绪十七年（1891）木活字印本。

关中迁润张氏五修族谱十卷首一卷末二卷附备遗录一卷庆余录一卷，清张绍铭、张授青等五修，光绪十八年（1892）木活字印本。

京口顺江州王氏家乘二十四卷，光绪十九年（1893）木活字印本。

润州吴氏宗谱不分卷，光绪十九年（1893）木活字印本。

润城高氏宗谱四卷，清高元令、高顺令等重修，光绪二十二年（1896）木活字印本。

润州邹氏宗谱六卷，光绪二十六年（1900）木活字印本。

延陵京江吴氏族谱四册，光绪二十六年（1900）木活字印本。

文贞公集十二卷，清张玉书撰，光绪二十七年（1901）木活字印本。

城东雩山纪氏宗谱十二卷，光绪二十八年（1902）木活字印本。

镇江李氏支谱不分卷，光绪二十八年（1902）木活字印本。

润州梦溪严氏宗谱九卷，清严开甲、严良翰等重修，光绪二十九年（1903）木活字印本。

古润京口米氏宗谱二卷，清米俊明重修，光绪二十九年（1903）木活字印本。

开沙曹氏家乘八卷，光绪二十九年（1903）木活字印本。

润州焦氏宗谱十卷首一卷，光绪二十九年（1903）木活字印本。

京江丁氏传略汇录一册，清丁立中等编，光绪三十一年（1905）木活字印本。

京江开沙王氏族谱十卷，清王厚存、王桂冬等重修，光绪三十二年（1906）木活字印本。

京口韦氏家谱十二卷，光绪三十四年（1908）木活字印本。

张文贞公年谱一卷（谱主张玉书），乡后学丁传靖撰，光绪间木活字印本。

京口丁氏族谱十二卷，清丁世佳、丁吉庭等重修，宣统元年（1909）木活字印本。

镇江刘贻德堂支谱四卷首一卷末一卷，清刘景澄校，宣统元年（1909）木活字印本。

东兴缪氏润派宗谱十六卷首一卷末一卷附二卷，清缪之镕、缪瑛等续修，宣统三年（1911）木活字印本。

京江郭氏家乘八卷，清郭开淮等续修，宣统三年（1911）木活字印本。

润州朱方孟家湾孟氏重修族谱八卷，清孟正仪、孟德禄等续修，宣统三年（1911）木活字印本。

润州开沙张氏族谱六卷，宣统三年（1911）木活字印本。

丹徒县

丹徒蒋氏宗谱八卷，清江为霖纂，嘉庆二十四年（1819）木活字印本。

丹徒赵氏支谱二卷首一卷，道光三十年（1850）木活字印本。

讷庵骈体文存二卷，清丹徒李恩绶撰，光绪二十四年（1898）木活字印本。

丹徒蒋氏宗谱六卷，清蒋学曾、蒋全诚等重修，光绪三十一年（1905）木活字印本。

丹徒姚氏族谱四卷首一卷末二卷，清姚承宣等重修，宣统三年（1911）木活字印本。

丹阳县

云阳东门基庄彭氏重修族谱四卷，清彭士琏、彭士源等重修，乾隆五十七年（1792）木活字印本。

云阳尹氏重修族谱十四卷，清尹绍鋐、尹衣蓝等重修，嘉庆三年（1798）木活字印本。

云阳尹氏重修族谱十四卷，清尹绍浚、尹闻汤等重修，道光二十七年（1847）木活字印本。

名山藏二十八卷，清丹阳葛筠撰，道光二十七年（1847）木活字印本。

云阳东门基庄彭氏重修族谱六卷，清华映琏、彭志质等重修，道光二十九年（1849）木活字印本。

丹阳大泊彭氏宗谱四卷，清彭道宁、彭德盛等重修，咸丰四年（1854）木活字印本。

云阳兰溪方氏重修族谱八卷，清朱维义、方朝裕等重修，同治五年（1866）木活字印本。

丹阳包港富春孙氏族谱六卷，清孙广俊、孙士林等重修，同治十一年（1872）木活字印本。

云阳尹氏重修族谱十四卷，清尹闻悟等重修，同治十二年（1873）木活字印本。

云阳小墟刘氏宗谱十卷，清刘中汉、刘永盛等重修，光绪元年（1875）木活字印本。

云阳李氏宗谱十六卷，清李发忠等重修，光绪八年（1882）木活字印本。

丹阳吉氏宗谱十六卷，光绪九年（1883）木活字印本。

丹阳花园分毗陵石氏宗谱十四卷，清石铭章、石煊等重修，光绪二十三年（1897）木活字印本。

眭东荪文集十五卷，明丹阳眭石撰，光绪二十四年（1898）木活字印本。

丹阳张氏重修族谱十卷，清张灿禄、张仪铭等重修，光绪二十七年（1901）木活字印本。

溧阳县

春秋测义三十五卷，清溧阳强汝询撰，光绪十五年（1889）流芳阁木活字印本。

铁庐集三卷外集二卷附录一卷，清溧阳潘天成撰，光绪十八年（1892）木活字印本。

溧阳程氏支谱四卷，清程云骥、程云骐等五修，光绪二十二年（1896）木活字印本。

金坛县

金坛王氏宗谱六卷，清王之树、王于鳌等重修，道光元年（1821）木活字印本。

江苏金坛曹氏合谱八册，光绪二年（1876）木活字印本。

金坛县志十六卷，清夏宗彝修，汪国凤等纂，光绪十一年（1885）木活字印本。

南村诗稿二十四卷，清金坛潘高撰，光绪间木活字印本。

溧阳县续志十六卷末一卷，清朱畯等修，冯煦等纂，光绪二十五年（1899）木活字印本。

黄劬云年谱二卷，清溧阳黄如瑾自撰，光绪二十六年（1900）木活字印本。

太仓县

吴都文粹十卷，宋郑虎臣辑，乾隆间（1736—1795）娄东施氏木活字印本。每半页九行，行二十一字。白口，左右双边。首有跋称："是书无坊刻。昔家舅氏吴西斋先生命天骐抄录，欲呈御览。云：'此系唐宋诸名家著述，郑虎臣先生所汇辑；虞山彭城藏书万卷，昆邑东海购集充梁，均以不获见此为恨。一日徐思庐世兄偶于无意遇得，出以连城，珍诸什袭，不轻示人。逮后宋中丞牧仲先生，延集当代钜公及一时选拔诸生开馆修辑古今秘藏，东海乃出此书，以耀希有。予时挈两小童阴抄得之。今皇上即日南幸，欲烦吾甥缮写进呈。'天骐承命唯唯，始于戊子岁孟陬上浣，至仲春望后将行告竣，而家舅氏病笃弃世，未竟其局。因之王司农麓台先生，托友求售，又复不果，究为琴川蒋西谷先生重价取去。但其中亥豕良多，鱼鲁莫辨，一时匆急，未及改正。嗣后闲暇，复将原本从唐宋人集中雠对校勘，舛错者已厘订十之八九，遂欣然录出，以为秘书。又屡为有力者所夺，目今止存此本，蓄贮廿年留遗后人。倘遇同好不惜倾资付诸剞劂，风行海内，不惟家舅氏得遂初服（愿），而郑虎臣先生汇辑深心，亦庶无可表章矣。夫兹因原本无序，特附一言于末，明厥由来，非敢妄作弁辞也。若将来登之枣梨，尚望高明另加鸿篇，以冠其端。时康熙六十年岁次辛丑春王正月上元日，娄东施天骐龙媒氏谨识。"

按：此书历来藏家均定为康熙间娄东施氏木活字本。今观施跋内容并非印书时所作。并且书中"曆"字均作"厤"，系避清高宗御讳。故更定为乾隆间木活字印本。

端溪砚史三卷，清吴兰修撰，光绪间太仓味菜庐木活字印本。

石湖词一卷补遗一卷，宋范成大撰，和石湖词一卷，宋陈三聘撰，光绪间太仓味菜庐木活字印本。

牧民忠告一卷风宪忠告一卷庙堂忠告一卷，元张养浩撰，光绪间太仓味菜庐木活字印本。

内则章句一卷，清顾陈垿撰，顾思义校，光绪间太仓味菜庐木活字印本。

吴越所见书画录六卷附书画说铃一卷，清太仓陆时化辑，光绪五年（1879）怀烟阁木活字印本。

秦汉文钞十二卷，明冯有翼辑，光绪十三年（1887）娄东味菜庐木活字印本。

读书后八卷，明太仓王世贞撰，光绪间娄东味菜庐木活字印本。

卅六芙蓉仙馆诗存六卷，清太仓张曾望撰，光绪二十二年（1896）木活字印本。

镇洋县

慧文阁诗集二卷，清毕熙曾撰，宣统三年（1911）镇洋毕氏木活字印本。

嘉定县

也依遗稿四卷诗草十卷，清嘉定王庆善撰，光绪二十八年（1902）木活字印本。

留读斋诗集六卷末一卷，清嘉定宣昌绪撰，宣统元年（1909）木活字印本。

淮安府

信今录十卷，清曹镳纂，道光十一年（1831）甘白斋木活字印本。

山阳县

修凝斋集六卷，清山阳阮钟瑗撰，道光十年（1830）木活字印本。

清河县

清河傅氏族谱十二卷首一卷末一卷，清傅竹湘等重修，光绪二十四年（1898）清河堂木活字印本。

扬州府

太平御览一千卷，宋李昉撰，嘉庆十一年（1806）扬州汪氏木活字印本。

鲍氏汇校医书四种，清鲍泰圻辑，道光八年（1828）棠樾鲍氏广陵木活字印本。

伤寒类书活人总括七卷，宋杨士瀛撰。

传信适用方四卷，宋吴彦夔撰。

产宝诸方一卷，宋佚名撰。

急救仙方六卷

勤补拙斋文稿一卷，清广陵王其淦撰，光绪七年（1881）木活字印本。

容甫先生遗诗五卷补遗一卷附录一卷，清汪中撰，光绪十一年（1885）维扬述古斋木活字印本。

广陵朱氏族谱四卷，清朱云龙纂修，光绪十二年（1886）扬州朱氏木活字印本。

扬州韩氏支谱四卷，光绪十八年（1892）木活字印本。

蒋绍由哀录二卷，清蒋汝中辑，光绪二十八年（1902）木活字印本。

江都县

江都卞氏族谱二十四卷，道光十年（1830）木活字印本。

琴语堂文述二卷，清江都李肇增撰，咸丰七年（1857）木活字印本。

江都杨墅巷孙氏族谱十卷，清孙敬修、孙履成等十一修，同治七年（1868）木活字印本。

维扬江都朱氏族谱十二卷，光绪七年（1881）木活字印本。

维扬江都张氏族谱六卷，光绪十一年（1885）木活字印本。

维阳江都张氏宗谱四卷，清祁赞廷纂辑，光绪十五年（1889）木活字印本。

江都张氏族谱十八卷，光绪十七年（1891）木活字印本。

甘泉县

甘泉里甘氏家谱不分卷，康熙十五年（1676）木活字印本。

义台张氏分迁邵伯支谱六卷，清张庆堂、张春雷等重修，嘉庆十六年（1811）木活字印本。

国朝汉学师承记八卷经师经义目录一卷国朝宋学源流记二卷附录一卷，清甘泉江藩撰，光绪二年（1876）木活字印本。

高邮州

高邮杭氏族谱四卷，光绪二十七年（1901）木活字印本。

宝应县

重修宝应县志辨一卷，清刘赞勋撰，咸丰元年（1851）醉经阁木活字印本。

宿迁县

蠹言四卷，清李诒经撰，嘉庆二十四年（1819）王氏信芳阁木活字印本。

痘疹定论四卷，清朱纯嘏辑，道光九年（1829）王氏信芳阁木活字印本。

诗说考略十二卷，清成僎撰，道光十年（1830）王氏信芳阁木活字印本。

国初十家诗钞七十五卷，清王相辑，道光十年（1830）王氏信芳阁木活字印本。

静惕堂诗八卷，清曹溶撰。

赖古堂诗十二卷，清周亮工撰。

南田诗五卷，清恽格撰。

采山堂诗八卷，清周筼撰。
十笏草堂诗四卷，清王士禄撰。
遗山诗四卷，清高咏撰。
青门诗十卷，清邵长蘅撰。
陋轩诗六卷，清吴嘉纪撰。
畏垒山人诗十卷，清徐昂发撰。
弱水诗八卷，清屈复撰。

产科秘书一卷，不署撰人，道光间王氏信芳阁木活字印本。
乡党备考二卷，清成僎撰，道光间王氏信芳阁木活字印本。
五代会要三十卷，宋王溥撰，道光间王氏信芳阁木活字印本。

按：信芳阁主人王相（1789—1852）字惜庵，祖籍浙江秀水。其曾祖王林，曾任江苏宿虹邳睢盐运同知，至相时即入宿迁籍。酷爱文学艺术，擅诗文，工书法，精鉴赏，富收藏。其信芳阁内藏书达四十万卷，而尤以所藏历代别集之富为海内之冠。曾摹刻《高南阜砚史》传世。向负盛名。

南通州

通州白蒲沈氏宗谱十卷，清沈岐等重修，咸丰十年（1860）木活字印本。

如皋县

同人集十二卷，清冒襄辑，咸丰九年（1859）水绘庵木活字印本。

如皋吴氏家乘十四卷，清吴德沅、赵坤连等重修，光绪八年（1882）木活字印本。

如皋西乡李氏续谱十二卷，清赵坤连、李呈祥等重修，光绪三十年（1904）木活字印本。

如皋石家甸陈氏宗谱三十六册，光绪三十三年（1907）木活字印本。

泰兴县

江右延陵狄氏族谱四卷，光绪十二年（1886）木活字印本。

清代铅活字印书

江宁府

金陵省难纪略一卷，清上元张汝南撰，光绪十六年（1890）铅活字印本。

两江师范学堂开办优级现行章程，清两江师范学堂编，光绪二十四年（1898）铅活字印本。

异闻益智丛录三十卷，清佚名辑，光绪二十六年（1900）江南书局铅活字印本。

轨政纪要五卷，清陈毅编，光绪三十三年（1907）铅活字印本。

抚郡农产考略二卷，清何刚德、黄维翰撰；附种田杂说一卷，清江召棠撰。光绪三十三年（1907）苏省刷印局铅活字印本。

江苏省宁属清理财政局编造说明书，清宁属清理财政局编，宣统二年（1910）铅活字印本。

樊山政书二十卷，清樊增祥撰，宣统二年（1910）金陵铅活字印本。

江宁县

群碧楼书目初编九卷书衣杂识一卷，清江宁邓邦述撰，宣统三年（1911）铅活字印本。

肱余集四卷，江宁黄铎撰，宣统三年（1911）铅活字印本。

六合县

敝帚斋主人自订年谱一卷补一卷，清六合徐鼒撰，子承禧等注，光绪十二年（1886）铅活字印本。

小腆纪年附考二十卷，清六合徐鼒撰，光绪十二年（1886）铅活字印本。

苏州府

苏省赋役全书四十一卷，清苏州藩署编，光绪元年（1875）铅活字印本。

文钥二卷，清邹福保撰，光绪三十四年（1908）铅活字印本。

读书灯一卷，清邹福保撰，宣统元年（1909）铅活字印本。

彻香堂经史论一卷，清邹福保撰，宣统元年（1909）江苏存古学堂铅活字印本。

匡庵诗前集六卷词集六卷，清马世俊撰，光绪三十一年（1905）铅活字印本。

艺概六卷，清刘熙载撰，宣统元年（1909）江苏存古学堂铅活字印本。

程中丞奏稿十九卷附录一卷，程德全撰，宣统元年（1909）铅活字印本。

竹堂寺志一卷，释真鉴辑，宣统元年（1909）铅活字印本。

诸子通考三卷，清元和孙德谦撰，宣统二年（1910）江苏存古学堂铅活字印本。

拟汇刊周秦诸子校注辑补叙录一卷，清王仁俊撰，光绪三十四年（1908）江苏存古学堂铅活字印本。

虎邱山志十卷首一卷，清顾湄撰，宣统三年（1911）苏州集群图书馆铅活字印本。

法言疏证十三卷校补一卷勘误一卷，清元和汪荣宝撰，宣统三年（1911）金薤琳琅斋馆铅活字印本。

吴县

莲芍草堂诗草二卷，清胥台山民程寅锡撰，光绪十三年（1887）铅活字印本。

采百集二卷，清戴锡钧撰，光绪十四年（1888）铅活字印本。

辽文萃七卷，清王仁俊撰，光绪三十年（1904）无冰阁铅活字印本。

淮南万毕术辑政一卷，清王仁俊辑，光绪三十三年（1907）铅活字印本。

怀星堂全集三十卷，明祝允明撰，宣统二年（1910）中国书画会铅活字印本。

元和县

涵翠阁吟稿四卷，清元和吴均撰，宣统二年（1910）铅活字印本。

昆山县

亭林诗稿六卷，清昆山顾炎武撰，光绪间幽光阁据吴江潘耒手钞本铅活字印本。

围炉诗话四卷，清昆山吴乔撰，光绪十三年（1887）铅活字印本。

昆新乡土地理志不分卷，清顾国珍编，光绪三十四年（1908）铅活字印本。

留耕堂集二卷附复庵小稿十卷，清昆山葛泰临辑，宣统元年（1909）铅活字印本。

常熟县

三王室己卯科墨选六卷，清虞山曾之撰辑，光绪六年（1880）撷华书局铅活字印本。

国朝史论萃编甲集四卷，清虞山徐兆玮撰，光绪二十八年（1902）铅活字印本。

剡溪倡和诗一卷，清常熟徐元绶辑，光绪二十九年（1903）铅活字印本。

虞山二千龄雅集题吟一卷，清言家鼐、宗嘉谟编，光绪三十年（1904）铅活字印本。

海虞农家占验一卷，清邓琳撰，光绪三十一年（1905）铅活字印本。

海虞物产志一卷，清常熟庞鸿文撰，光绪三十一年（1905）铅活字印本。

补元和郡县志四十七年镇图说一卷，清常熟庞鸿书撰，光绪三十一年（1905）铅活字印本。

近世算术一卷，清常熟徐念慈撰，光绪三十二年（1906）铅活字印本。

佚丛甲集四种，清常熟张南祴辑，光绪三十三年（1907）铅活字印本。

牧斋集外诗一卷补一卷，清钱谦益撰。

柳如是诗一卷，清柳如是撰。

龙川先生诗钞一卷，清李晴峰撰。

素兰集二卷补遗一卷，明翁孺安撰。

铁琴铜剑楼词草一卷，清瞿镛撰，光绪三十三年（1907）铅活字印本。

郑斋汉学文编六卷，清虞山孙雄撰，光绪三十四年（1908）铅活字印本。

桤叟诗存一卷，清常熟言家驹撰，光绪三十四年（1908）言氏铅活字印本。

蜗隐庐诗钞二卷，清常熟汪贡撰，光绪三十四年（1908）陆宝树铅活字印本。

双孤惨殇录一卷，清常熟俞亮编，光绪三十四年（1908）铅活字印本。

梅花馆诗集一卷诗余一卷，清常熟汪韵梅撰，光绪三十四年（1908）铅活字印本。

退晚堂诗草六卷，清常熟殷李尧撰，光绪三十四年（1908）铅活字印本。

吴江县

定盦文集三卷续集一卷古今体诗二卷杂诗一卷词选一卷词录一卷文集补编四卷，清龚自珍撰，宣统元年（1909）吴江薛氏邃汉斋铅活字印本。

牧斋全集一百十卷，清钱谦益撰，钱曾注，宣统二年（1910）吴江薛氏邃汉斋铅活字印本。

殷谱经侍郎自定年谱二卷，清吴江殷兆镛撰，宣统间铅活字印本。

上海县（建市以前）

地理全志，清墨海书馆编，咸丰三年（1853）墨海书馆铅活字印本。

江南北大营纪事本末二卷，清杜文澜撰，同治八年（1869）上海铅活字印本。

普法战纪十四卷，清南海张宗良译，吴郡王韬辑，同治十二年（1873）上海中华印务总局铅活字印本。

瀛寰琐记二十八卷，清尊闻阁主辑，同治十一年（1872）至十三年（1874）上海申报馆铅活字印本。每月一册，册二十四中页，页一千一百五十二字，合约二万八千字，二十四开大小线装本。首有海上蠡勺居士序："尊闻阁主人慨然有远志焉，思穷薄海内外，寰宇上下，惊奇骇怪之谈，沈博绝丽之作，或可助测星度地之方，或可参济世安民之务，或可以益致知格物之神，或可以开弄月吟风之趣，博搜广采，冀成巨观。"又清人邱炜萲《五百石洞天挥麈》卷五有“数年前尝闻沪上寓公有李芋仙其人，与王紫诠、何桂笙、邹翰飞、钱昕伯诸名士，先后襄理西人美查所设华文日报号曰《申报》者，复以其暇提倡风雅，发挥文墨，坛坫之盛，诗酒之欢，佳话一时，颇云不弱。”

四溟琐记十二卷，清尊闻阁主辑，光绪元年（1875）申报馆铅活字印巾箱本。《瀛寰琐记》发行了二十八期，正值光绪初元，就改名为《四溟琐记》，以巾箱本继续出版。页数增加到三十二页，字数与前相仿，发行至年底共十二期。

寰宇琐记十二卷，清尊闻阁主辑，光绪二年（1896）申报馆铅活字印巾箱本。《四溟琐记》发行了一年，又改为《寰宇琐记》，也出版十二期，内容版式与《四溟琐记》相同。

侯鲭新录五卷，清沈饱山编，光绪二年（1876）上海机器印书局铅活字印巾箱本。首有蔡尔康序，云：“搜瑰玮之撰述，联翰墨之因缘，行文则或整或散，要以不戾乎古；纪事则可惊可愕，总期不诡于正。旁逮诗歌，下及词曲……异事同登，奇文共赏。”足以概括其内容。

申报馆巾箱本丛书，清尊闻阁主辑，同治十二年（1873）至光绪二十一年（1895）铅活字印巾箱本。

文苑菁华不分卷，清蒋其章辑，同治十二年（1873）铅活字印本。

秦淮画舫录二卷画舫余谭一卷三十六春小谱一卷，清捧花生撰，同治十三年（1874）铅活字印本。

吴门画舫录二卷，清西溪山人撰，同治十三年（1874）铅活字印本。

吴门画舫续录二卷，清个中生撰，同治十三年

（1874）铅活字印本。

吴中平寇记八卷，清钱勖撰，光绪元年（1875）铅活字印本。

平浙纪略十六卷，清秦湘业、陈钟英撰，光绪元年（1875）铅活字印本。

瓮牖余谈八卷，清王韬撰，光绪元年（1875）铅活字印本。

诗句题解韵编四集十二卷，清倪承瓒撰，光绪元年（1875）铅活字印本。

经艺新畲五卷，清沈定年辑，光绪元年（1875）铅活字印本。

扬州画舫录十八卷，清李斗撰，光绪元年（1875）铅活字印本。

遁窟谰言十二卷，清王韬撰，光绪元年（1875）铅活字印本。

西游补十六回，清董说撰，光绪元年（1875）铅活字印本。

快心编初集十回二集十回三集十二回，清天花才子辑，光绪元年（1875）铅活字印本。

小家语四卷，清漠鸿氏撰，光绪二年（1876）铅活字印本。

孪史四十八卷，清王希濂撰，光绪二年（1876）铅活字印本。

谈古偶录二卷，清陈星瑞撰，光绪二年（1876）铅活字印本。

宫闺联名谱二十二卷，清董恂撰，清陆缵补，光绪二年（1876）铅活字印本。

瀚海十二卷，明沈佳允辑，光绪二年（1876）铅活字印本。

异书四种，清申报馆辑，光绪二年（1876）铅活字印本。

六合内外琐言二十卷，清黍余裔孙撰，光绪二年（1876）铅活字印本。

客窗闲话八卷续话八卷，清吴炽昌撰，光绪二年（1876）铅活字印本。

印雪轩随笔四卷，清三硬芦圩耕叟撰，光绪二年（1876）铅活字印本。

影谈四卷，清管世灏撰，光绪二年（1876）铅活字印本。

语新二卷，清钱学纶撰，光绪二年（1876）铅活字印本。

红楼梦补四十八回，清归锄子撰，光绪二年（1876）铅活字印本。

铸史骈言十二卷，清孙玉田撰，光绪二年（1876）铅活字印本。

十洲春语三卷，清二石生撰，光绪三年（1877）铅活字印本。

萤窗异草十二卷，清长白浩歌子撰，光绪三年（1877）铅活字印本。

夜雨秋灯录八卷，清宣鼎撰，光绪三年（1877）铅活字印本。

虫鸣漫录二卷，清采蘅子撰，光绪三年（1877）铅活字印本。

志异续编八卷，清青城子撰，光绪三年（1877）铅活字印本。

水浒后传四十卷，清雁宕山樵撰，光绪三年（1877）铅活字印本。

林兰香六十四回，光绪三年（1877）铅活字排印本

返魂香传奇四卷，清宣鼎撰，光绪三年（1877）铅活字印本。

曾文正公年谱十二卷，清黎庶昌撰，光绪三年（1877）铅活字印本。

云间据目抄五卷，明范濂撰，光绪三年（1877）铅活字印本。

绥寇纪略十二卷补遗三卷，清吴伟业撰，光绪三年（1877）铅活字印本。

粤屑四卷，清刘世馨撰，光绪三年（1877）铅活字印本。

豫军纪略十二卷，清尹耕云等撰，光绪三年（1877）铅活字印本。

淮军平捻记十二卷，清周世澄撰，光绪三年（1877）铅活字印本。

文海披沙八卷，明谢肇淛撰，光绪三年（1877）铅活字印本。

闺秀诗评一卷，清棣华园主人辑，光绪三年（1877）铅活字印本。

续异书四种，清申报馆辑，光绪三年（1877）铅活字印本。

六梅书屋尺牍四卷，清凌丹陛撰，光绪三年（1877）铅活字印本。

女才子十二卷，清烟水散人撰，光绪三年（1877）铅活字印本。

纪闻类编十四卷，清佚名撰，光绪三年（1877）铅活字印本。

桯史十五卷附录一卷，宋岳珂撰，光绪四年（1878）铅活字印本。

野记四卷，明祝允明撰，光绪四年（1878）铅活字印本。

纪载汇编十种，清佚名辑，光绪四年（1878）铅活字印本。

啸亭杂录十卷续录三卷，清昭梿撰，光绪四年（1878）铅活字印本。

圣武记十四卷，清魏源撰，光绪四年（1878）铅活字印本。

庭闻录六卷，清刘健撰，光绪四年（1878）铅活字印本。

屑玉丛谈四集二十四卷，清钱徵、蔡尔康辑，光绪四年（1878）铅活字印本。

独悟庵丛钞四种十三卷，清杨引传辑，光绪四年（1878）铅活字印本。

馈贫粮一卷，清健饭老人辑，光绪四年（1878）铅活字印本。

尺牍集锦三种，清丁善仪、陆长春、戴德坚撰，光绪四年（1878）铅活字印本。

耳邮四卷，清羊朱翁（俞樾）撰，光绪四年（1878）铅活字印本。

浇愁集八卷，清邹弢撰，光绪四年（1878）铅活字印本。

闻见异辞四卷，清许秋垞撰，光绪四年（1878）铅活字印本。

山中一夕话十二卷，明李贽原辑，清笑笑先生重辑，光绪四年（1878）铅活字印本。

台湾外记三十卷，清江日昇撰，光绪四年（1878）铅活字印本。

雪月梅传五十回，清陈朗撰，光绪四年（1878）铅活字印本。

何典十回，清过路人撰，光绪四年（1878）铅活字印本。

昔柳摭谈四卷，清汪人骥辑，光绪四年（1878）铅活字印本。

儿女英雄传四十一回，清燕北闲人撰，光绪四年（1878）铅活字印本。

绘芳录八十回，清西泠野樵撰，光绪四年（1878）铅活字印本。

山东军兴纪略二十二卷，清张曜撰，光绪五年（1879）铅活字印本。

困知记十二卷附录一卷，明罗钦顺撰，光绪五年（1879）铅活字印本。

鹂砭轩质言四卷，清戴莲芬撰，光绪五年（1879）铅活字印本。

茶余谈荟二卷，清见南道人撰，光绪五年（1879）铅活字印本。

笑笑录六卷，清独逸窝退士辑，光绪五年（1879）铅活字印本。

四梦汇谈四卷，清吴绍箕撰，光绪五年（1879）铅活字印本。

详注笔耕斋尺牍二卷，清管士骏撰，光绪六年（1880）铅活字印本。

小豆棚十六卷，清曾衍东撰，光绪六年（1880）铅活字印本。

曾侯日记一卷，清曾纪泽撰，光绪七年（1881）铅活字印本。

中俄和约一卷，清佚名辑，光绪七年（1881）铅活字印本。

通问便集二卷，清子虚氏辑注，光绪七年（1881）铅活字印本。

壶天录三卷，清百一居士撰，光绪七年（1881）铅活字印本。

荟蕞编二十卷，清俞樾撰，光绪七年（1881）铅活字印本。

新刻三宝太监西洋通俗演义二十卷，明罗懋登辑，光绪七年（1981）铅活字印本。

历下志游四卷外编四卷，清师史氏撰，光绪八年（1882）铅活字印本。

霆军纪略十六卷，清陈昌撰，光绪八年（1882）铅活字印本。

东藩纪要十二卷补录一卷，清薛培榕辑，光绪八年（1882）铅活字印本。

灵檀碎金六十八卷附录一卷，清郎玉铭撰，光绪八年（1882）铅活字印本。

尺牍初桄二卷附一卷，清子虚氏辑，光绪九年（1883）铅活字印本。

风月梦三十二回，清邗上蒙人撰，光绪九年（1883）铅活字印本。

结水浒全传七十卷末一卷，清俞万春撰，光绪九年（1883）铅活字印本。

息盦尺牍二卷附存一卷，清陈观圻撰，光绪十年（1884）铅活字印本。

梅香馆尺牍四卷，清骆灿撰，光绪十年（1884）铅活字印本。

妙香室丛话十四卷，清张培仁辑，光绪十年（1884）铅活字印本。

西事类编十六卷，清沈纯辑，光绪十三年（1887）铅活字印本。

中西纪事二十四卷，清江上蹇叟撰，光绪十三年（1887）铅活字印本。

欣赏斋尺牍六卷，清曹仁镜辑，光绪十四年（1887）铅活字印本。

分类尺牍备览三十卷，清王虎榜撰，光绪十四年（1888）铅活字印本。

重修沪游杂记四卷，清西泠啸翁辑，仓山旧主修，光绪十四年（1888）铅活字印本。

小五义一百二十四回续一百二十四回，清石玉昆撰，光绪十六年（1890）铅活字印本。

笃素堂文集四卷，清张英撰，光绪十七年（1891）铅活字印本。

东池草堂尺牍四卷，清谢鸿申撰，光绪十七年（1891）铅活字印本。

解醒语四卷，清泖滨野客撰，光绪二十一年（1894）铅活字印本。

甲申传信录十卷，明钱𫘝撰，光绪间铅活字印本。

蜀碧四卷，清彭遵泗撰，光绪间铅活字印本。

曾文正公大事记四卷，清王定安撰，光绪间铅活字印本。

中英和约一卷附燕台条约一卷，光绪间铅活字印本。

中东和约一卷附中英南京旧约一卷，光绪间铅活字印本。

十三日备尝记一卷，清曹晟撰，光绪间铅活字印本。

有正味斋日记六卷，清吴锡麒撰，光绪间铅活字印本。

枭林小史一卷，清黄本铨撰，光绪间铅活字印本。

竹西花事小录一卷，清芬利它行者撰，光绪间铅活字印本。

燕台花事录三卷，清蜀西樵也撰，光绪间铅活字印本。

庸闲斋笔记八卷，清陈其元撰，光绪间铅活字印本。

镜花水月八卷，清娄东羽衣客撰，光绪间铅活字印本。

眉珠庵忆语一卷，清王韬撰，光绪间铅活字印本。

潜庵漫笔八卷，清程畹撰，光绪间铅活字印本。

重订西青散记八卷，清史震林撰，光绪间铅活字印本。

外科全生集二卷，清王维德撰，光绪间铅活字印本。

师友渊源录六卷，清严长明撰，光绪间铅活字印本。

三冈识略十卷，清董含撰，光绪间铅活字印本。

景船斋杂记二卷，清章有谟撰，光绪间铅活字印本。

历代陵寝备考五十卷历代宗庙附考八卷，光绪间铅活字印本。

胜国文征四卷，清杨家麟撰，光绪间铅活字印本。

和约汇钞六卷首一卷，清佚名辑，光绪间铅活字印本。

艺林伐山二十卷，明杨慎撰，光绪间铅活字印本。

表异录二十卷，明王志坚撰，光绪间铅活字印本。

香祖笔记十二卷，清王士禛撰，光绪间铅活字印本。

订讹杂录十卷，清胡鸣玉撰，光绪间铅活字印本。

柳南随笔六卷续笔四卷，清王应奎撰，光绪间铅活字印本。

梦园丛说内篇八卷，清方浚颐撰，光绪间铅活字印本。

零金碎玉四卷，清郑锡祺撰，光绪间铅活字印本。

草庐经略十二卷，明佚名撰，光绪间铅活字印本。

白门新柳记一卷，清许豫撰，光绪间铅活字印本。

词媛姓氏录一卷，清不羁生撰，光绪间铅活字印本。

砚云甲编八种乙编八种，清金忠淳辑，光绪间铅活字印本。

痴说四种，清佚名辑，光绪间铅活字印本。

两汉博闻十二卷，宋杨侃撰，光绪间铅活字印本。

漫游记略四卷，清王沄撰，光绪间铅活字印本。

音注小仓山房尺牍八卷，清袁枚撰，胡光斗笺，光绪间铅活字印本。

姜露庵杂记六卷，清骈蕖道人撰，光绪间铅活字印本。

在园杂志四卷，清刘廷玑撰，光绪间铅活字印本。

蕉轩摭录十二卷，清俞梦蕉撰，光绪间铅活字印本。

道听途说十二卷，清潘纶恩撰，光绪间铅活字印本。

西湖拾遗四十四卷附一卷，清陈树基撰，光绪间铅活字印本。

红楼复梦一百回，清小和山樵撰，光绪间铅活字印本。

后西游记四十回，清佚名撰，光绪间铅活字印本。

新刻钟伯敬先生批评封神演义二十卷，明许仲琳撰，光绪间铅活字印本。

第五才子书水浒传七十回续四十八回，元施耐庵撰，光绪间铅活字印本。

镜花缘一百回，清李汝珍撰，光绪间铅活字印本。

十粒金丹六十六回，清佚名撰，光绪间铅活字印本。

笔生花三十二回，清邱心如撰，光绪间铅活字印本。

东厢记四卷，清汤世潆撰，光绪间铅活字印本。

醒睡录初集十卷，清邓文滨撰，光绪间铅活字印本。

读史探骊集五卷，清姚芝生撰，光绪间铅活字印本。

禀启零纨四卷，清徐纫裳辑，光绪间铅活字印本。

启蒙真谛二卷，清胡崧辑，光绪间铅活字印本。

三借庐赘谈十二卷，清邹弢撰，光绪间铅活字印本。

蟫史二十卷，清屠绅撰，光绪间铅活字印本。

粉墨丛谈二卷附录一卷，清梦畹生撰，光绪间铅活字印本。

此中人语六卷，清程麟撰，光绪间铅活字印本。

思益堂日札五卷，清周寿昌撰，光绪间铅活字印本。

春融堂杂记八种，清王昶撰，光绪间铅活字印本。

航海述奇四卷，清张德彝撰，光绪间铅活字印本。

笑史四卷，清陈庚撰，光绪间铅活字印本。

青楼梦六十四回，清慕真山人撰，光绪间铅活字印本。

澄怀园语四卷，清张廷玉撰，光绪间铅活字印本。

滇南杂志二十四卷，清曹树翘撰，光绪间铅活字印本。

平定粤匪纪略十八卷附记四卷，清杜文澜撰，光绪间铅活字印本。

使琉球记六卷，清李鼎元撰，光绪间铅活字印本。

续编绥寇纪略五卷，清叶梦珠撰，光绪间铅活字印本。

画舫续录投赠三卷，清个中生撰，光绪间铅活字印本。

国朝闺秀香咳集十卷附录一卷，清许夔臣辑，光绪间铅活字印本。

会湖杂文一卷笔余一卷，清□瑾撰，光绪间铅活字印本。

水窗春呓二卷，清佚名撰，光绪三年（1877）上海机器制造印书局铅活字印本。

艳史丛钞十二种，清淞北玉鱿生辑，光绪四年（1878）韬园铅活字印本。

板桥杂记三卷，清余怀撰。

吴门画舫录一卷，清西溪山人撰。

吴门画舫续录三卷，清个中生撰。

续板桥杂记三卷，清珠泉居士撰。

雪鸿小记一卷补遗一卷，清珠泉居士撰。

秦淮画舫录二卷，清捧花生撰。

画舫余谈一卷，清捧花生撰。

白门新柳记一卷，清懒云山人撰，补记一卷，清杨亨撰。

十洲春语二卷，清二石生撰。

竹西花事小录一卷，清芬利它行者撰。

海陬冶游录三卷附录三卷余录一卷，清王韬撰。

花国剧谈二卷，清淞北玉鱿生撰。

格致汇编七集，英傅兰雅辑，光绪二年至十八年（1876—1892）格致汇编馆铅活字印本。

驳案汇编，清朱梅臣编，光绪九年（1883）图书集成局铅活字印本。

古今图书集成一万卷，清陈梦雷、蒋廷锡等编，光绪十年（1884）图书集成局铅活字印本。

历象汇编

乾象典一百卷

岁功典一百十六卷

历法典一百四十卷

庶征典一百八十卷

方舆汇编

坤舆典一百四十卷

职方典一千五百四十四卷

山川典三百二十卷

边裔典一百四十卷

明伦汇编

皇极典三百卷

宫闱典一百四十卷

官常典八百卷

家范典一百十六卷

交谊典一百二十卷

氏族典六百四十卷

人事典一百十二卷

闺媛典三百七十六卷

博物汇编

艺术典八百二十四卷

神异典三百二十卷

禽虫典一百九十二卷

草木典三百二十卷

理学汇编

经籍典五百卷

学行典三百卷

文学典二百六十卷

字学典一百六十卷

经济汇编

选举典一百三十六卷

铨衡典一百二十卷

食货典三百六十卷

礼仪典三百四十八卷

乐律典一百三十六卷

戎政典三百卷

祥刑典一百八十卷

考工典二百五十二卷

皇朝经世文续编一百二十卷，清葛士濬辑，光绪十四年（1888）图书集成书局铅活字印本。

重修沪游杂记四卷，清西泠啸翁编，光绪十二年（1886）铅活字印本。

理窟九卷，清李杕撰，光绪十二年（1886）上海慈母堂铅活字印本。

欧洲史略十三卷，佚名撰，光绪二十二年（1896）上海著易堂铅活字印本。

围炉诗话四卷，清昆山吴乔撰，光绪十三年（1887）上海大文书局铅活字印本。

子药准则一卷，清丁友云撰，光绪十四年（1888）江南制造局铅活字印本。

炮乘新法三卷图一卷，清舒高第、郑昌棪译，光绪间江南制造局铅活字印本。

开地道轰药法四卷，清傅兰雅、汪振声译，光绪间江南制造局铅活字印本。

洋枪浅言一卷，清颜邦固撰，光绪间江南制造局铅活字印本。

格林炮操法一卷，清徐建寅译，光绪间江南制造局铅活字印本。

前敌须知五卷，清舒高弟、郑昌棪译，光绪间江南制造局铅活字印本。

营工要览四卷，清傅兰雅、汪振声译，光绪间江南制造局铅活字印本。

行军铁路工程三卷，清汪振声译，光绪间江南制造局铅活字印本。

喇叭吹法一卷，清金楷理译、蔡锡令校，光绪间江南制造局铅活字印本。

法国水师考不分卷，清瞿昂来译，光绪间江南制造局铅活字印本。

公法总论一卷，清汪振声等译，光绪间铅活字印本。

各国交涉便法论六卷，清钱国祥译，光绪间江南制造局铅活字印本。

英国水师律例一卷，清舒高第、郑昌棪译，光绪间江南制造局铅活字印本。

海军调度要言四卷，清舒高弟、郑昌棪译，光绪江南制造局铅活字印本。

铁甲丛谈六卷，清舒高第、郑昌棪译，光绪间江南制造局铅活字印本。

俄国水师考一卷，清李岳衡译，光绪间江南制造局铅活字印本。

列国陆军制一卷，清瞿昂来等译，光绪间江南制造局铅活字印本。

美国水师考一卷，清钟天纬译，光绪间江南制造局铅活字印本。

英国水师考一卷，清钟天纬译，光绪间江南制造局铅活字印本。

水师保身法一卷，清程銮、赵元益译，光绪间江南制造局铅活字印本。

产科附图一卷，清舒高第译，光绪间江南制造局铅活字印本。

化学渊流论四卷，清王汝騋译，光绪间江南制造局铅活字印本。

电学测算附表二卷，清徐兆熊译，光绪间江南制造局铅活字印本。

交食引蒙一卷，清贾步纬译，光绪间江南制造局铅活字印本。

航海通书一卷，清贾步纬译，光绪间江南制造局铅活字印本。

炼金新语一卷，清郑昌棪译，光绪间江南制造局铅活字印本。

船坞论略二卷，清钟天纬译，光绪间江南制造局铅活字印本。

工程致富论略十四卷，清钟天纬译，光绪间江南制造局铅活字印本。

中西汽机名目录一卷，佚名撰，光绪间江南制造局铅活字印本。

春秋朔闰至日考三卷，清王韬撰，光绪十五年（1889）铅活字印本。

八家四六文注八卷，清许贞幹选。光绪间上海方言馆铅活字印本。

十药神书一卷，元葛乾孙撰，光绪间图书集成局铅活字印本。

九朝东华录四百二十四卷，清王先谦辑，光绪十七年（1891）广百宋斋铅活字印本。

咸丰东华录六十九卷，清潘颐福编，光绪十八年（1892）图书集成局铅活字印本。

女科要旨四卷，清陈念祖撰，光绪十八年（1892）铅活字印本。

六科准绳四十六卷，明王肯堂撰，光绪十八年（1892）图书集成局铅活字印本。

金匮方歌括六卷，清陈元犀编，光绪十八年（1892）图书集成局铅活字印本。

伤寒医诀串解六卷，清陈念祖撰，光绪十八年（1892）图书集成局铅活字印本。

神农本草经读四卷，清陈念祖撰，光绪十八年（1892）图书集成局铅活字印本。

景岳新方砭四卷，清陈念祖撰，光绪十八年（1892）图书集成局铅活字印本。

随园三十八种，清袁枚撰，光绪十八年（1892）勤裕堂铅活字印本。

噉蔗全集，清张义年撰，光绪十九年（1893）上海著易堂铅活字印本。

曾惠敏公奏议六卷文集五卷诗集四卷日记二卷，清曾纪泽撰，光绪十九年（1893）江南制造局铅活字印本。

伤寒论类方一卷，清徐大椿撰，光绪十九年（1893）铅活字印本。

各国交涉公法论初二三集十六卷，清俞世爵笔述，光绪二十年（1894）江南制造局铅活字印本。

伤寒悬解十四卷首一卷末一卷，清黄元御撰，光绪二十年（1894）图书集成局铅活字印本。

伤寒说意十卷，清黄元御撰，光绪二十年（1894）图书集成局铅活字印本。

医醇剩义四卷附医方论四卷，清费伯雄撰，光绪二十年（1894）图书集成局铅活字印本。

脉诀刊误集解二卷附录二卷，元戴起宗撰，光绪二十年（1894）图书集成局铅活字印本。

张氏医通七种，清张璐撰，光绪二十年（1894）图书集成局铅活字印本。

本草纲目五十二卷首一卷，明李时珍撰，光绪二十年（1894）图书集成局铅活字印本。

古诗源十四卷，清沈德潜撰，光绪二十年（1894）图书集成局铅活字印本。

本经逢源四卷，清张璐撰，光绪二十年（1894）图书集成局铅活字印本。

医学心悟六卷，清程国彭撰，光绪二十年（1894）图书集成局铅活字印本。

医门法律六卷，清喻昌撰，光绪二十年（1894）图书集成局铅活字印本。

伤寒大成五种，清张璐等撰，光绪二十年（1894）图书集成局铅活字印本。

玉秋药解八卷，清黄元御撰，光绪二十年（1894）图书集成局铅活字印本。

医效秘传三卷，清叶桂撰，光绪二十年（1894）图书集成局铅活字印本。

资治新书十四卷首一卷、二集二十卷，清李渔编，光绪二十年（1894）图书集成局铅活字印本。

随息居饮食谱一卷，清王士雄撰，光绪二十二年（1896）图书集成局铅活字印本。

肘后备急方八卷，晋葛洪撰，光绪二十二年（1896）图书集成局铅活字印本。

医方集解三卷，清汪昂撰，光绪二十二年（1896）图书集成局铅活字印本。

汤头歌诀一卷，清汪昂撰，光绪二十二年（1896）图书集成局铅活字印本。

医林指月十二种，清王琦辑，光绪二十二年（1896）图书集成局铅活字印本。

濒湖脉学一卷附奇经八脉考一卷脉诀考正一卷，明李时珍撰，光绪二十二年（1896）图书集成局铅活字印本。

重广补注黄帝内经素问二十四卷、黄帝素问灵枢十二卷，唐王冰注，光绪二十二年（1896）图书集成局铅活字印本。

素问灵枢类纂约注三卷，清汪昂撰，光绪二十二年（1896）图书集成局铅活字印本。

本草备要四卷，清汪昂撰，光绪二十二年（1896）图书集成局铅活字印本。

本草从新六卷，清吴仪洛撰，光绪二十二年（1896）图书集成局铅活字印本。

四圣心源十卷，清黄元御撰，光绪二十二年（1896）图书集成局铅活字印本。

徐文定公集四卷，明上海徐光启撰，光绪二十二年（1896）上海慈母堂铅活字印本。

形学备旨七卷，清邹立文译，光绪二十三年（1897）上海美华书馆铅活字印本。

大清律例增修统纂集成四十卷督捕则例附纂二卷，清沈之奇注，陶骏、陶念霖编，光绪二十二年（1896）文渊山房铅活字印本。

子书二十二种，清浙江书局辑，光绪二十三年（1897）图书集成局铅活字印本。

日本国志四十卷，清黄遵宪撰，光绪二十四年（1898）图书集成局铅活字印本。

外台秘要四十卷，唐王焘撰，光绪二十四年（1898）图书集成局铅活字印本。

意大利蚕书一卷，清汪振声译，光绪二十四年（1898）江南制造局铅活字印本。

化工工艺三集十三卷，清汪振声译，光绪二十四年（1898）江南制造局铅活字印本。

笔算数学三卷，清狄考文编撰，光绪二十四年（1898）美华书馆铅活字印本。

皇朝经世文编一百二十卷，清贺长龄辑，光绪二十四年（1898）上海宏文阁铅活字印本。

江苏沿海图说一卷附海岛表，清朱正元编，光绪二十五年（1899）铅活字印本。

浙江沿海图说一卷附海岛表，清朱正元撰，光绪二十五年（1899）铅活字印本。

傅青主男科二卷，清傅山撰，光绪二十五年（1899）图书集成局铅活字印本。

傅青主女科二卷附产后编一卷，清傅山撰，光绪二十五年（1899）图书集成局铅活字印本。

翻译弦切对数表八卷，清贾步纬译，光绪二十六年（1900）江南制造局铅活字印本。

取滤火油法二卷，清汪振声译，光绪二十六年（1900）江南制造局铅活字印本。

妇科一卷，清舒高第译，光绪二十六年（1900）江南制造局铅活字印本。

读史兵略续编一卷，清胡林翼撰，光绪二十六年（1900）图书集成局铅活字印本。

九通全书，清佚名辑，光绪二十七年（1901）图书集成局铅活字印本。

通典二百卷附考证一卷

钦定续通典一百五十卷，清高宗敕撰。

皇朝通典一百卷，清高宗敕撰。

通志二百卷考证三卷，宋郑樵撰。

钦定续通志六百四十卷，清高宗敕撰。

皇朝通志一百二十六卷，清高宗敕撰。

文献通考三百四十八卷附考证三卷，元马端临撰。

钦定续文献通考二百五十卷，清高宗敕撰。

皇朝文献通考三百卷，清高宗敕撰。

南皮张宫保政书奏议初编十二卷，清张之洞撰，光绪二十七年（1901）图书集成局铅活字印本。

读史方舆纪要一百三十卷方舆全图总说五卷，清顾祖禹撰，光绪二十七年（1901）图书集成局铅活字印本。

天下郡国利病书一百二十卷，清顾炎武撰，光绪二十七年（1901）图书集成局铅活字印本。

德国陆军考四卷，清吴宗濂译，光绪二十七年（1901）江南制造局铅活字印本。

农务要书简明目录一卷，清王树善译，光绪二十七年（1901）江南制造局铅活字印本。

皇朝蓄艾文编八十卷，清于宝轩编，光绪二十八年（1902）上海官书局铅活字印本。

钦定大清会典一百卷，清高宗敕撰，光绪二十九年（1903）图书集成局铅活字印本。

大英治理印度新政考六卷，英国亨德伟良原著，任保罗等译，光绪三十年（1904）上海广学会铅活字印本。

中外约章纂新十卷，清时中书局编，光绪三十年（1904）上海同文书局铅活字印本。

美国提炼煤油法二卷，清孙士颐等译，光绪三十一年（1905）江南制造局铅活字印本。

寿世保元十卷，明龚廷贤撰，光绪三十二年（1906）图书集成局铅活字印本。

各国立约始末记三十卷首二卷，清陆元鼎编，光绪三十二年（1906）上海商务印书馆铅活字印本。

代数备旨，清狄考文编译，光绪三十三年（1907）美华书馆铅活字印本。

二十四史，光绪三十三年（1907）图书集成局铅活字印本。

史记一百三十卷，汉司马迁撰。

汉书一百卷，汉班固撰，唐颜师古注。

后汉书一百二十卷，刘宋范晔撰。

三国志六十五卷，晋陈寿撰。

晋书一百三十卷，唐房玄龄等撰。

宋书一百卷，梁沈约撰。

南齐书五十九卷，梁萧子显撰。

梁书五十六卷，唐姚思廉撰。

陈书三十六卷，唐姚思廉撰。

魏书一百十四卷，北齐魏收撰。

北齐书五十卷，唐李百药撰。

周书五十卷，唐令狐德棻撰。

隋书八十五卷，唐魏徵、长孙无忌等撰。

南史八十卷，唐李延寿撰。

北史一百卷，唐李延寿撰。

旧唐书二百卷，后晋刘昫撰。

新唐书二百二十五卷，宋欧阳修、宋祁撰。

旧五代史一百五十卷，宋薛居正等撰。

五代史七十四卷，宋欧阳修撰。

宋史四百九十六卷，元脱脱等撰。

辽史一百十六卷，元脱脱等撰。

金史一百三十五卷，元脱脱等撰。

元史二百十卷，明宋濂、王祎等撰。

明史三百三十二卷，清张廷玉等撰。

三字经注解备要一卷，元王应麟撰，清贺兴思注，光绪十七年（1891）广百宋斋铅活字印本。

书契便蒙二卷，光绪二十年（1894）上海土山湾印书局铅活字印本。

增补足本圣武记十四卷附武事记余四卷，清魏源撰，光绪二十五年（1899）蜚英馆铅活字印本。

教士列传官话八卷，上海广学会编，光绪二十六年（1900）至二十七年（1901）上海商务印书馆铅活字印本。

绣像小说七十二期，清李伯元编，光绪二十九年（1903）至三十二年（1906）上海商务印书馆铅活字印本。后因伯元逝世而休刊，共出七十二册。所刊十之九为小说，亦载戏曲、小唱、杂文。

读通鉴论十卷，清王夫之撰，光绪二十九年（1903）上海官书局铅活字印本。

圣武记十四卷，清魏源撰，光绪二十九年（1903）上海蜚英馆铅活字印本。

痛史十八种，乐天居士辑，宣统三年（1911）商务印书馆铅活字印本。

福王登极实录一卷，明文震亨撰。

附过江七事一卷，清陈贞慧撰。

金陵纪略一卷，清佚名撰。

哭庙纪略一卷，清佚名撰。

丁酉北闱大狱纪略一卷，清信天翁撰。

庄氏史案一卷，清佚名撰。

附秋思草堂遗集一卷，清陆莘行撰。

研堂见闻杂记一卷，清王家祯撰。

思文大纪八卷，清佚名撰。

弘光实录钞四卷，清古藏室史臣撰。

淮城纪事一卷，明佚名撰。

附扬州变略一卷，明佚名撰。

京口变略一卷，明佚名撰。

崇祯长编二卷，明佚名撰。

浙东纪略一卷，清徐芳烈撰。

嘉定县乙酉纪事一卷，清朱子素撰。

江上孤忠录一卷，明赵曦明撰。

启祯纪闻录八卷，清叶绍袁撰。

孤忠后录一卷，清祝纯嘏撰。

海上见闻录二卷，清梦弁辑。

蜀记一卷，清佚名撰。

鹿樵纪闻三卷，清梅村野史撰。

隆武纪事一卷，清佚名撰。

西洋历史教科书六卷，商务印书馆编，光绪二十八年（1902）铅活字印本。

袁王纲鉴合编三十九卷，明袁黄、王世贞撰，清光绪三十年（1904）商务印书馆铅活字印本。

初等小学国文教科书七卷，商务印书馆编，光绪三十一年（1905）铅活字印本。

初等小学修身教科书十卷，商务印书馆编，光绪三十二年（1906）铅活字印本。

初等小学修身教科书教授法十卷，商务印书馆编，光绪三十二年（1906）铅活字印本。

高等小学中国历史教科书四卷，商务印书馆编，光绪三十二年（1906）铅活字印本。

高等小学地理教科书四卷，商务印书馆编，光绪三十二年（1906）铅活字印本。

国朝名人书札二卷，商务印书馆编，光绪三十二年（1906）铅活字印本。

国粹丛书三集四十九种，清国学保存会辑，光绪至宣统间铅活字印本。

第一集

说储一卷，清包世臣撰，光绪三十二年（1906）

排印。

吕用晦文集八卷续集四卷附录一卷，清吕留良撰，光绪三十四年（1908）排印。

广阳杂记五卷，清刘献廷撰。

李氏焚书六卷，明李贽撰，光绪三十四年（1908）排印。

王阳明先生传习录五卷，明王守仁撰，光绪三十二年（1906）排印。

孟子字义疏证三卷，清戴震撰，光绪三十一年（1905）排印。

原善三卷，清戴震撰，光绪三十四年（1908）排印。

颜氏学记十卷，清颜元撰，光绪三十四年（1908）排印。

颜习斋先生（元）年谱二卷，清李塨撰，光绪三十四年（1908）排印。

瘳忘编二卷续论一卷附后一卷，清李塨撰，光绪三十四年（1908）排印。

李恕谷先生（塨）年谱五卷，清冯辰撰，光绪三十四年（1908）排印。

第二集

张苍水全集十二卷补遗一卷附录四卷题咏二卷冰槎集题中人物考略一卷传略补一卷，明张煌言撰。

戴褐夫集一卷补遗一卷续补遗一卷附纪行一卷纪略一卷年谱一卷戴刻戴褐夫集目录一卷，

清戴名世撰，宣统元年（1909）排印。

吴长兴伯集五卷，明吴易撰，光绪三十三年（1907）排印。

附唱酬余响一卷，明史玄、赵涣撰。

袍泽遗音一卷，清陈去病辑。

叶天寥自撰年谱一卷续一卷，明叶绍袁撰，光绪三十三年（1907）排印。

附天寥年谱别记（一名半不轩留事）一卷附录一卷，明叶绍袁撰。

禁书目录四卷，清邓实辑，光绪三十三年（1907）排印。

销毁抽毁书目一卷，清乾隆四十七年敕撰。

禁书总目一卷，清乾隆五十三年敕撰。

违碍书日一卷，清乾隆四十三年敕撰。

奏缴咨禁书目一卷，清乾隆四十三年敕撰。

吾汶稿十卷补遗一卷，宋王炎午撰，光绪三十四年（1908）排印。

归玄恭先生文续钞七卷附录一卷，清归庄撰，光绪三十四年（1908）排印。

三山郑菊山先生清隽集一卷，宋郑起撰。

所南翁一百二十图诗集一卷锦钱余笑一卷，宋郑思肖撰。

郑所南文集一卷，宋郑思肖撰，光绪三十二年（1906）排印。

伯牙琴一卷，宋邓牧撰，光绪三十三年（1907）排印。

张文烈公遗诗一卷，明张家玉撰，光绪三十三年（1907）排印。

真山民诗集一卷，宋真山民撰，光绪三十二年（1906）排印。

投笔集二卷，清钱谦益撰，光绪三十二年（1906）排印。

靖康孤臣泣血录二卷，宋丁特起撰，光绪三十二年（1906）排印。

吴赤溟先生文集一卷附录一卷，清吴炎撰，光绪三十二年（1906）排印。

晞发集十卷晞发遗集二卷补一卷，宋谢翱撰，光绪三十二年（1906）排印。

附天地间集一卷，宋谢翱辑。

西台恸哭记注一卷附录一卷，宋谢翱撰，明张丁注。

冬青树引注一卷附录一卷，宋谢翔撰，明张丁注。

谢皋羽先生（翱）年谱一卷，清徐沁撰。

附金华游录注二卷，清徐沁注。

西台恸哭记注一卷，清黄宗羲注。

谢皋羽墓录一卷，清丁立辑。

第三集

湖隐外史一卷，明叶绍袁撰，光绪三十三年（1907）排印。

行朝录六卷，清黄宗羲撰，光绪三十四年（1908）排印。

留都见闻录二卷，明吴应箕撰，光绪三十三年（1907）排印。

劫灰录一卷，明珠江寓舫撰，光绪三十四年（1908）排印。

余生录一卷，清张茂滋撰，光绪三十四年（1908）排印。

明季复社纪略四卷，明陆世仪撰，光绪三十四年（1908）排印。

附复社纪事一卷，清吴伟业撰。

辛巳泣蕲录一卷附录一卷，宋赵兴撰，光绪三十二年（1906）排印。

湖西遗事一卷，清彭孙贻撰，光绪三十二年（1906）排印。

东江始末一卷，明柏起宗撰，光绪三十二年（1906）排印。

虔台逸史一卷，清彭孙贻撰，光绪三十二年（1906）排印。

岭上纪行二卷，清彭孙贻撰，光绪三十二年（1906）排印。

甲申传信录十卷，明钱䡵撰，光绪三十二年（1906）排印。

孑遗录一卷，清戴名世撰，光绪三十二年（1906）排印。

烬余录二卷，元徐大焯撰。

南渡录四卷，宋辛弃疾撰，光绪三十二年（1906）排印。

南烬纪闻录二卷
窃愤录一卷续录一卷
金陵癸甲摭谈一卷，清谢介鹤撰，光绪三十二年（1906）排印。
草莽私乘一卷，元陶宗仪辑，光绪三十二年（1906）排印。
苏城纪变一卷，明□□撰，光绪三十二年（1906）排印。
陆右丞蹈海录一卷附录一卷，明丁元吉辑，光绪三十二年（1906）排印。
续甬上耆旧诗集一百四十卷，清全祖望辑，光绪三十二年（1906）排印。

增订徐文定公集五卷首二卷，明徐光启撰，宣统元年（1909）慈母堂铅活字印本。

顾仲恭文集二卷，明顾大韶撰，宣统元年（1909）上海国学扶轮社铅活字印本。

大清光绪新法令不分卷，商务编译所编，宣统元年（1909）商务印书馆铅活字印本。

大清新刑律总则不分卷刑事诉讼律不分卷民事诉讼律不分卷，宣统官撰，宣统间上海政学社铅活字印本。

章谭合钞六卷（章太炎、谭嗣同），宣统间国学扶轮社铅活字印本。

西庐文集四卷，清张隽撰，宣统二年（1910）国学扶轮社铅活字印本。

香艳丛书二十集，清虫天子辑，宣统元年（1909）至三年（1911）国学扶轮社铅活字印本。

第一集　宣统元年（1909）排印

鸳鸯牒一卷，明程羽文撰。

美人谱一卷，清徐震撰。

花底拾遗一卷，明黎遂球撰。

补花底拾遗一卷，清张潮撰。

十眉谣一卷，清徐士俊撰。

闲情十二怃一卷，明苏士琨撰。

黛史一卷，清张芳撰。

小星志一卷，清丁雄飞撰。

胭脂纪事一卷，清伍端隆撰。

十美词纪一卷，清邹枢撰。

悦容编一卷，明卫泳撰。

香天谈薮一卷，清吴雷发撰。

妇人集一卷，清陈维崧撰，清冒褒注。

妇人集补一卷，清冒丹书撰。

艳体连珠一卷，清叶小鸾撰。

侍儿小名录拾遗一卷，宋张邦畿撰。

补侍儿小名录一卷，宋王铚撰。

续补侍儿小名录一卷，宋温豫撰。

妒律一卷，清陈元龙撰。

三妇评牡丹亭杂记一卷，清吴人辑。

龟台琬琰一卷，清张正茂撰。

潮嘉风月记一卷，清俞蛟撰。

第二集　宣统二年（1910）排印

三风十愆记二卷，清瀛若氏撰。

艳囮二则一卷，清严虞惇撰。

笔梦叙一卷附顾仲恭讨钱岱檄一卷

绛云楼俊遇一卷，清□□撰。

金姬小传一卷别记一卷，明杨仪撰。

滇黔土司婚礼记一卷，清陈鼎撰。

衍琵琶行一卷，清曹秀先撰。

西湖小史一卷，清李鼎撰。

十国宫词二卷，清孟彬撰。

启祯宫词一卷，清刘城撰。

海鸥小谱一卷，清赵执信撰。

邵飞飞传一卷，清陈鼎撰。

妇学一卷，清章学诚撰。

妇人鞋袜考一卷，清余怀撰。

缠足谈一卷，清袁枚撰。

百花弹词一卷，清钱涛撰。

今列女传一卷附录一卷，清□□撰。

李师师外传一卷，宋□□撰。

红楼百美诗一卷，清潘容卿撰。

百花扇序一卷，清赵杏楼撰。

闲余笔话一卷，清汤传楹撰。

第三集　宣统二年（1910）排印

敝帚斋余谈节录一卷，明沈德符撰。

影梅庵忆语一卷，清冒襄撰。

王氏复仇记一卷

红楼叶戏谱一卷，清鬘华室女史（徐畹兰）撰。

钗小志一卷，唐朱揆撰。

妆台记一卷，唐宇文士及撰。

髻鬟品一卷，唐段成式撰。
汉杂事秘辛一卷，汉□□撰。
大业拾遗记一卷，唐颜师古撰。
元氏掖庭记一卷，元陶宗仪撰。
焚椒录一卷，辽王鼎撰。
美人判一卷，清尤侗撰。
清闲供一卷，明程羽文撰。
看花述异记一卷，清王晫撰。
新妇谱一卷，清陆圻撰。
新妇谱补一卷，清陈确撰。
新妇谱补一卷，清查琪撰。
古艳乐府一卷，清杨淮撰。
比红儿诗注一卷，清沈可培撰。
某中丞夫人一卷，清□□撰。
妖妇齐王氏传一卷，清□□撰。
老狐谈历代丽人记一卷，清鹅湖逸士撰。
宫词一卷，清徐昂发撰。
天启宫词一卷，明蒋之翘撰。
启祯宫词一卷，清高兆撰。

第四集　宣统二年（1910）排印。

赵后遗事一卷，宋秦醇撰。
金缕裙记一卷
冥音录一卷，唐朱庆余撰。
三梦记一卷，唐白行简撰。
名香谱一卷，宋叶廷圭撰。
清尊录一卷，宋廉布撰。

蜀锦谱一卷，元费著撰。

春梦录一卷，元郑禧撰。

牡丹荣辱志一卷，宋丘璿撰。

芍药谱一卷，宋王观撰。

花经一卷，唐张翊撰。

花九锡一卷，唐罗虬撰。

瑶台片玉甲种三卷，明施绍莘撰。

闺律一卷，清芙蓉外史撰。

续艳体连珠一卷，明沈宜修撰。

胜朝彤史拾遗记六卷，清毛奇龄撰。

第五集　宣统二年（1910）排印

玉台书史一卷，清厉鹗撰。

北里志一卷，唐孙棨撰。

教坊记一卷，唐崔令钦撰。

青楼集一卷，元雪蓑渔隐（夏庭芝）记。

丽情集一卷，宋张君房撰。

荻楼杂抄一卷

琵琶录一卷，唐段安节撰。

魏王花木志一卷，后魏元欣撰。

桂海花木志一卷，宋范成大撰。

楚辞芳草谱一卷，宋谢翱撰。

瑶台片玉乙种（一名花底拾遗集）三卷，清江诒撰。

王翠翘传一卷，清余怀撰。

拟合德谏飞燕书一卷，清吴从先撰。

金小品传一卷，清吴从先撰。

徐郎小传一卷，清吴从先撰。
顿子真小传一卷，清吴从先撰。
妓虎传一卷，清吴从先撰。
香本纪一卷，清吴从先撰。
杨娥传一卷，清刘钧撰。
黔苗竹枝词一卷，清舒位撰。
黑美人别传一卷，清□□撰。
某中丞一卷，清□□撰。
女盗侠传一卷，清西阳撰。
女侠翠云娘传一卷，清秋星撰。
记某生为人唆讼事一卷，清□□撰。
记栗主杀贼事一卷，清潮声撰。
女侠荆儿记一卷，清□□撰。
余墨偶谈节录一卷，清孙樗撰。

第六集　宣统二年（1910）排印

汉宫春色一卷
黑心符一卷，唐于义方撰。
竹夫人传一卷，宋张耒撰。
汤媪传一卷，明吴宽撰。
周栎园奇缘纪一卷，清徐忠撰。
彩云曲并序一卷，清樊增祥撰。
苗妓诗一卷，清贝青乔撰。
十国宫词一卷，清秦云撰。
梵门绮语录一卷，清□□撰。
琴谱序一卷，清王锦撰。
代少年谢狎妓书一卷，明袁中道撰。

小脚文一卷，清旷望生撰。
泠庐杂识节录一卷，清陆以湉撰。
韵兰序一卷，清梁绍壬撰。
迷楼记一卷，唐韩偓撰。
刘无双传一卷，唐薛调撰。
步非烟传一卷，唐皇甫枚撰。
谭节妇祠堂记一卷，明乌斯道撰。
月夜弹琴记一卷，明□□撰。
醋说一卷，清了缘子撰。
戏拟青年上政府请弛禁早婚书一卷，清□□撰。
自由女请禁婚嫁陋俗禀稿一卷，清□□撰。
妇女赞成禁止娶妾律之大会议一卷，清□□撰。
拟王之臣与其友绝交书一卷，清吴山秀撰。
代某校书谢某狎客馈送局帐启一卷，清□□撰。
忏船娘张润金疏一卷，清□□撰。
冶游自忏文一卷，清□□撰。
问苏小小郑孝女秋瑾松风和尚何以同葬于西泠桥试研究其命意所在一卷，清招招舟子撰。
冶游赋一卷，清陈寅生撰。
闺中十二曲一卷，清缪莲仙撰。
盘珠词一卷，清庄莲佩撰。
鬘华室诗选一卷，清徐畹兰撰。

第七集　宣统二年（1910）排印

恨冢铭一卷，清陆伯周撰。
七夕夜游记一卷，清沈逢吉撰。
俞三姑传一卷，清□□撰。

过墟志感一卷，清墅西逸叟撰。

文海披沙摘录一卷，明谢肇淛撰。

述怀小序一卷，清朱文娟撰。

河东君传一卷，清陈玉璂撰。

惧内供状一卷，清□□撰。

灵应传一卷，唐□□撰。

神山引曲一卷，清玉泉樵子撰。

宋词媛朱淑真事略一卷，清□□辑。

张灵崔莹合传一卷，清黄周星撰。

刘氏菊谱一卷，宋刘蒙撰。

史氏菊谱一卷，宋史正志撰。

小螺庵病榻忆语一卷，清孙道乾撰。

梦游录一卷，唐任蕃撰。

歌者叶记一卷，唐沈亚之撰。

第八集　宣统二年（1910）排印

香莲品藻一卷，清方绚撰。

金园杂纂一卷，清方绚撰。

贯月查一卷，清方绚撰。

采莲船一卷，清方绚撰。

响屧谱一卷，宋杨无咎撰，清方绚注。

冯燕传一卷，唐沈亚之撰。

女官传一卷，清屈大均撰。

书叶氏女事一卷，清屈大均撰。

贞妇屠印姑传一卷，清罗有高撰。

庐山二女一卷

洞箫记一卷，明陆粲撰。

五石瓠节录一卷，清刘銮撰。

洛阳牡丹记一卷，宋欧阳修撰。

王娇传一卷

记某生为人雪冤事一卷，清□□撰。

虎邱吊真娘墓文一卷，清姚燮撰。

玉钩斜哀隋宫人文一卷，清姚燮撰。

玉梅后词一卷，清况周颐撰。

双头牡丹橙记一卷，明瞿佑撰。

玫瑰花女魅一卷，清□□撰。

织女一卷，五代牛峤撰。

苏四郎传一卷，唐郑怀古撰。

菽园赘谈节录一卷，清邱炜萲撰。

香咳集选三卷（卷一至三），清许夔臣辑。

第九集　宣统二年（1910）排印

五代花月一卷，清李调元撰。

乔复生王再来二姬合传一卷，清李渔撰。

㦢母传一卷，明王鏊撰。

十八娘传一卷，清赵古农撰。

真真曲一卷，明贝琼撰。

至正妓人行一卷，明李祯撰。

圆圆传一卷，清陆次云撰。

温柔乡记一卷，清梁国正撰。

金漳兰谱一卷，宋赵时庚撰。

王氏兰谱一卷，宋王贵学撰。

断袖篇一卷，清吴下阿蒙撰。

郁轮袍传一卷，唐郑还古撰。

杜秋传一卷，唐杜牧撰。

妙女传一卷，唐顾非熊撰。

烈女李三行一卷，清胡天游撰。

苏小小考一卷，清梁绍壬撰。

甲癸议一卷，清严可均撰。

悼亡词一卷，清沈星炜撰。

夏闺晚景琐说一卷，清汤春生撰。

茯苓仙传奇一卷，清玉泉樵子撰。

香咳集选三卷（卷四至六），清许夔臣辑。

第十集　宣统二年（1910）排印

玉台画史一卷，清汤漱玉撰。

古镜记一卷，隋王度撰。

太恨生传一卷，清徐瑶撰。

春人赋一卷，清易顺鼎撰。

广东火劫记一卷，清梁恭辰撰。

姗姗传一卷，清黄永撰。

虞美人传一卷，清沈廷桂撰。

黄竹子传一卷，清吴兰修撰。

春娘传一卷，宋王明清撰。

金华神记一卷，宋崔公度撰。

贞烈婢黄翠花传一卷，清□□撰。

花仙传一卷，清□□传。

薄命曲一卷，清孙学勤撰。

猗觉寮杂记一卷，宋朱翌撰。

徐娘自述诗记一卷，清缪良撰。

物妖志一卷，清葆光子撰。

梅谱一卷，宋范成大撰。

梅品一卷，宋张鎡撰。

洛阳牡丹记一卷，宋周师厚撰。

陈州牡丹记一卷，宋张邦基撰。

天彭牡丹谱一卷，宋陆游撰。

海棠谱一卷，宋陈思撰。

第十一集　宣统二年（1910）排印

灵物志一卷

花鸟春秋一卷，清张潮撰。

一岁芳华一卷，明程羽文撰。

太曼生传一卷

黄九烟先生和楚女诗一卷，清黄周星撰。

千春一恨集唐诗六十首一卷，清黄周星撰。

武宗外纪一卷，清毛奇龄撰。

明制女官考一卷，清黄百家撰。

闺墨萃珍一卷，清□□辑

婚启一卷，清陈著撰。

辽阳海神传一卷，明蔡羽述。

巫娥志一卷

志许生奇遇一卷

志舒生遇异一卷

集美人名诗一卷，清冒襄撰。

媌嫿封传奇一卷，清杨恩寿撰。

玄妙洞天记一卷

西湖游幸记一卷，宋周密撰。

西湖六桥桃评一卷，清曹之璜撰。

续髻鬟品一卷，清鲍协中撰。

琼花集五卷，明曹璿撰。

第十二集　宣统二年（1910）排印

淞滨琐话二卷（卷一至二），清王韬撰。

湘烟小录一卷，清陈裴之撰。

竹西花事小录一卷，清芬利它行者撰。

燕台花事录三卷，清蜀西樵也（王增祺）撰。

喟庵丛录一卷，清戴坤撰。

课婢约一卷，清王晫撰。

妇德四箴一卷，清徐士俊撰。

桂枝香一卷，清杨恩寿撰。

梦粱录一卷，宋吴有牧撰。

金钏记一卷

侠女希光传一卷

百花园梦记一卷

第十三集　宣统二年（1910）排印

淞滨琐话二卷（卷三至四），清王韬撰。

冬青馆古宫词三卷，清张鉴撰，清桂荣注。

板桥杂记三卷，清余怀撰。

珠江名花小传一卷，清支机生（缪莲仙）撰。

金粟闺词百首一卷，清彭孙遹撰。

梅喜缘二卷，清陈烺撰。

沈警遇神女记一卷，唐孙頠撰。

娟娟传一卷

第十四集　宣统二年（1910）排印

淞滨琐话二卷（卷五至六），清王韬撰。

石头记评赞序一卷，清沈锽撰。

石头记评花一卷，清□□撰。

读红楼梦杂记一卷，清愿为明镜室主人撰。

红楼梦竹枝词一卷，清卢先骆撰。

红楼梦题词一卷，清周绮撰。

红楼梦赋一卷，清沈谦撰。

秦淮画舫录二卷，清捧花生撰。

第十五集　宣统二年（1910）排印

淞滨琐话二卷（卷七至八），清王韬撰。

帝城花样一卷，清蕊珠旧史（杨懋建）撰。

花烛闲谈一卷，清于鬯撰。

南涧行一卷，清李煊撰。

十洲春语三卷，清二石生撰。

十二月花神议一卷，清俞樾撰。

林下诗谈一卷，宋□□撰。

清溪惆怅集一卷，清悔庵居士撰。

第十六集　宣统二年（1910）排印

淞滨琐话二卷（卷九至十），清王韬撰。

闽川闺秀诗话四卷，清梁章钜撰。

对山余墨一卷，清毛祥麟撰。

银瓶征一卷，清俞樾撰。

吴绛雪（宗爱）年谱一卷，清俞樾撰。

明宫词一卷，清程嗣章撰。

十美诗一卷，清鲍皋撰。

节录元周达观真腊风土记一卷，元周达观撰。

菊谱一卷，宋范成大撰。

第十七集　宣统三年（1911）排印

淞滨琐话二卷（卷十一至十二），清王韬撰。

绿珠传一卷附翾风传一卷，宋乐史撰。

陈张贵妃传一卷

碧线传一卷

秋千会记一卷，明李祯撰。

张老传一卷，唐李复言撰。

瑶台片玉甲种补录一卷，明施绍莘撰。

吴门画舫录一卷，清西溪山人撰。

吴门画舫续录三卷，清个中生撰。

粉墨丛谈二卷附录一卷，清甲左梦畹生（黄协埙）撰。

第十八集　宣统三年（1911）排印

续板桥杂记三卷，清珠泉居士撰。

画舫余谭一卷，清捧花生撰。

白门新柳记一卷白门衰柳附记一卷，清许豫撰，补记一卷，清晓岚（杨亨）撰。

怀芳记一卷，清萝摩庵老人撰，清麋月楼主（谭献）附注。

青冢志十二卷，清胡凤丹辑。

第十九集　宣统三年（1911）排印

花国剧谈二卷，清淞北玉魫生（王韬）撰。

雪鸿小记一卷补遗一卷，清珠泉居士撰。

珠江梅柳记一卷，清周友良撰。

泛湖偶记一卷，清缪艮撰。

珠江奇遇记一卷，清刘瀛撰。

沈秀英传一卷，清缪艮撰。

南宋宫闱杂咏一卷，清赵棻撰。

石头记评赞二卷，清□□撰。

第二十集　宣统三年（1911）排印

笠翁偶集摘录一卷，清李渔撰。

寄园寄所寄摘录一卷，清赵吉士撰。

海陬冶游录三卷附录三卷余录一卷，清淞北玉魫生（王韬）撰。

纪唐六如轶事一卷，清□□辑。

西泠闺咏后序一卷，清董寿慈撰。

六忆词一卷，清徐珂辑

春闺杂咏一卷，清许雷地撰。

秀华续咏一卷，清黄金石撰。

张氏适园丛书初集七种，张钧衡辑，宣统三年（1911）上海国学扶轮社铅活字印本。

今古学考二卷，清廖平撰。

残明纪事一卷，清罗谦撰。

清贤记六卷，明尤镗撰。

枣林杂俎六卷附录一卷，明谈迁撰。

陈一斋先生文集六卷，清陈梓撰。

傅征君霜红龛诗钞一卷，清傅山撰。

聊斋文集二卷，清蒲松龄撰，宣统元年（1909）国学扶轮社铅活字印本。

吴挚甫文集四卷附深州风土记一卷，清吴汝纶撰，宣统元年（1909）国学扶轮社铅活字印本。

古微堂内集二卷外集八卷，清魏源撰，宣统元年（1909）国学扶轮社铅活字印本。

全谢山文钞十六卷，清全祖望撰，宣统二年（1910）国学扶轮社铅活字印本。

聊斋词一卷，清蒲松龄撰，宣统二年（1910）国学扶轮社铅活字印本。

翁山诗外十九卷文外十六卷，清屈大均撰，宣统二年（1910）国学扶轮社铅活字印本。

西庐文集四卷，清张隽撰，宣统二年（1910）国学扶轮社铅活字印本。

文科大辞典十二集，国学扶轮社编，宣统三年（1911）国学扶轮社铅活字印本。

六合内外琐言二十卷，清屠绅撰，宣统三年（1911）国学扶轮社铅活字印本。

定盦全集二十二卷，清龚自珍撰，宣统元年（1909）国学扶轮社铅活字印本。

花近楼丛书序跋记二卷，清管庭芬撰，宣统间国学扶轮社铅活字印本。

墨井集五卷，清吴历撰，宣统元年（1909）上海土山湾印书局铅活字印本。

上海县竹枝词一卷，清秦荣先撰，宣统元年（1909）铅活字印本。

江南制造局译书提要二卷，清孙景康等撰，陈洙主编，宣统元年（1909）翻译馆铅活字印本。

光绪东华续录二百二十卷，清朱寿朋撰，宣统元年（1909）铅活字印本。

梨洲遗著汇刊（二十七种）五十七卷，清黄宗羲撰，宣统二年

（1910）时中书局铅活字印本。

涵芬楼古今文钞一百卷，清吴曾祺辑，宣统二年（1910）商务印书馆铅活字印本。

涵芬楼古今文钞小传四卷，商务印书馆编译所编，宣统三年（1911）商务印书馆铅活字印本。

国朝文栋八卷，清胡嘉铨辑，宣统三年（1911）时中书局铅活字印本。

遍行堂集十卷，清释澹归撰，宣统三年（1911）铅活字印本。

风雨楼丛书二十三种，清邓实辑，宣统二年（1910）至宣统三年（1911）上海铅活字印本。

贯华堂才子书汇稿，清金人瑞撰，宣统二年（1910）排印。

圣叹外书

唱经堂杜诗解四卷

唱经堂古诗解一卷

唱经堂左传释一卷

唱经堂释小雅一卷

唱经堂释孟子四章一卷

唱经堂批欧阳永叔词十二首一卷

圣叹内书

唱经堂通宗易论一卷

唱经堂圣人千案一卷

唱经堂语录纂二卷

圣叹杂篇

唱经堂随手通一卷

日知录之余四卷，清顾炎武撰，宣统二年（1910）

排印。

容甫先生遗诗五卷补遗一卷附录一卷，清汪中撰，宣统二年（1910）排印。

信摭一卷，清章学诚撰。

读画录四卷，清周亮工撰。

印人传三卷，清周亮工撰。

江邨销夏录三卷，清高士奇撰。

龚定盦别集一卷，清龚自珍撰。

定盦诗集定本二卷词定本一卷集外未刻诗一卷集外未刻词一卷，清龚自珍撰，

吴越所见书画录六卷书画说铃一卷，清陆时化辑，宣统二年（1910）排印。

松圆浪淘集十八卷偈庵集二卷，明程嘉燧撰。

梅村文集二十卷，清吴伟业撰，宣统二年（1910）排印。

天游阁集五卷诗补一卷附录一卷，清顾太清撰，宣统二年（1910）排印。

谪麟堂遗集文二卷诗二卷补遗一卷，清戴望撰，宣统三年（1911）排印。

庚子销夏记八卷闲者轩帖考一卷，清孙承泽撰，宣统三年（1911）排印。

南雷余集一卷，清黄宗羲撰。

秋笳集八卷补遗一卷，清吴兆骞撰，宣统三年（1911）排印。

东庄吟稿七卷，清吕留良撰。

带经堂书目四卷，清陈树杓撰。

乙卯札记一卷丙辰札记一卷，清章学诚撰。

清晖赠言十卷，清徐永宣辑，宣统三年（1911）排印。

清晖阁赠贻尺牍二卷，清王翚撰，宣统三年（1911）排印。

书画题跋记十二卷，明郁逢庆撰，宣统三年（1911）排印。

古今说部丛书十集，国学扶轮社辑，宣统二年（1910）上海国学扶轮社铅活字印本。

一集

汉官仪一卷，汉应劭撰。

献帝春秋一卷

九州春秋一卷，晋司马彪撰。

三国典略一卷，晋鱼豢撰。

会稽曲录一卷，晋虞预撰。

魏春秋一卷，晋孙盛撰。

邺中记一卷，晋陆翙撰。

群辅录一卷，晋陶潜撰。

晋阳秋一卷，晋庾翼撰。

续晋阳秋一卷，刘宋檀道鸾撰。

晋中兴书一卷，刘宋何法盛撰。

次柳氏旧闻一卷，唐李德裕撰。

曲洧旧闻一卷，宋朱弁撰。

灯下闲谈一卷，宋江洵（一题五代□□）撰。

皇朝类苑一卷，宋江少虞撰。

宜斋野乘一卷，宋吴枋撰。

养鱼经一卷，周范蠡撰。

拾遗名山记一卷，前秦王嘉撰。

北户录一卷，唐段公路撰。

黔西古迹考一卷，清钱霦撰。

灌园十二师一卷，清徐沁撰。

溪蛮丛笑一卷，宋朱辅撰。

广东月令一卷，清钮琇撰。

陆机要览一卷，晋陆机撰。

异闻实录一卷，唐李玖撰。

江淮异人录一卷，宋吴淑撰。

述异记三卷，清东轩主人撰。

梅涧诗话一卷，宋韦居安撰。

诗本事一卷，明程羽文撰。

竹连珠一卷，清钮琇撰。

山林经济策一卷，清陆次云撰。

剑气一卷，明程羽文撰。

征南射法一卷，清黄百家撰。

艮堂十戒一卷，清方象瑛撰。

酒约一卷，清吴肃公撰。

宦海慈航一卷，清蒋埴撰。

食珍录一卷，刘宋虞悰撰。

长物志十二卷，明文震亨撰。

芸窗雅事一卷，清施清撰。

玩月约一卷，清张潮撰。

书斋快事一卷，清沈元琨撰。

石交一卷，明程羽文撰。

选石记一卷，清成性撰。
纪草堂十六宜一卷，清王晫撰。
仿园酒评一卷，清张荩撰。
香雪斋乐事一卷，清江之兰撰。
读书法一卷，清魏际瑞撰。
客斋使令反一卷，明程羽文撰。
约言一卷，清张适撰。
半庵笑政一卷，清陈皋谟撰。
病约三章一卷，清尤侗撰。
小半斤谣一卷，清黄周星撰。
四十张纸牌说一卷，清李式玉撰。
五岳约一卷，清韩则愈撰。
桓谭新论一卷，汉桓谭撰。
谯周法训一卷，蜀谯周撰。
虞喜志林一卷，晋虞喜撰。
裴启语林一卷，晋裴启撰。
宋拾遗录一卷，梁谢绰撰。
三辅决录一卷，汉赵岐撰。
义山杂记一卷，唐李商隐撰。
龙城录一卷，唐柳宗元撰。
穷愁志一卷，唐李德裕撰。
松窗杂记一卷，唐杜荀鹤（一题李濬）撰。
商芸小说一卷，梁殷芸撰。
杜阳杂编三卷，唐苏鹗撰。
秀水闲居录一卷，宋朱胜非撰。
苍梧杂志一卷，宋胡珵撰。

谈薮一卷，宋庞元英撰。

青箱杂记一卷，宋吴处厚撰。

林下偶谭一卷，宋吴□撰。

独醒杂志一卷，宋吴宏撰。

可谈一卷，宋朱彧撰。

小窗自纪杂著一卷，明吴从先撰。

二集

文士传一卷，晋张隐撰。

衣冠盛事一卷，唐苏特撰。

幽闲鼓吹一卷，唐张固撰。

法苑珠林一卷

谐史一卷，宋沈俶撰。

三朝野史一卷，元吴莱撰。

闲中古今录一卷，明黄溥撰。

西峰淡话一卷，明茅元仪撰。

琅琊漫抄一卷，明文林撰。

相见经一卷，汉朱仲撰。

禽经一卷，周师旷撰，晋张华注。

輶轩绝代语一卷，汉扬雄撰。

神异经一卷，汉东方朔撰，晋张华注。

海内十洲记一卷，汉东方朔撰。

列仙传一卷，汉刘向撰。

搜神记一卷，晋干宝撰。

搜神后记一卷，晋陶潜撰。

冥祥记一卷，晋王琰撰。

述异记一卷，梁任昉撰。

原化记一卷，唐皇甫□撰。

宝椟记一卷，明滑惟善撰。

杼情录一卷，宋卢怀撰。

碧湖杂记一卷，宋谢枋得撰。

临汉隐居诗话一卷，宋魏泰撰。

延州笔记一卷，明唐觐撰。

北窗呓语一卷，清朱焘撰。

松亭行纪二卷，清高士奇撰。

十六汤品一卷，唐苏廙撰。

采茶录一卷，唐温庭筠撰。

茶疏一卷，明许次纾撰。

炙毂子录一卷，唐王叡撰。

桂苑丛谈一卷，元冯翊撰。

葆化录一卷，唐陈京撰。

西墅记谭一卷，前蜀潘远撰。

乾𦠆子一卷，唐温庭筠撰。

吹剑录一卷，宋俞文豹撰。

鸡肋一卷，宋赵崇绚撰。

南部新书一卷，宋钱易撰。

五色线一卷，宋□□撰。

采兰杂志一卷

异苑十卷，刘宋刘敬叔撰。

戒庵漫笔一卷，明李诩撰。

苏谈一卷，明杨循吉撰。

耳新八卷，明郑仲夔撰。

三集

传信记一卷，唐郑棨撰。

野航史话一卷，明茅元仪撰。

小隐书一卷，明敬虚子撰。

云蕉馆纪谈一卷，明孔迩撰。

汴围湿襟录一卷，明白愚撰。

渔洋感旧集小传四卷补遗一卷，清卢见曾撰。

袖中记一卷，梁沈约撰。

玄亭涉笔一卷，明王志远撰。

荔枝谱一卷，宋蔡襄撰。

峤南琐记二卷，明魏濬撰。

志怪录一卷，晋祖台之撰。

集灵记一卷

祥异记一卷

风骚旨格一卷，唐释齐己撰。

灌畦暇语一卷，唐□□撰。

春雨杂述一卷，明解缙撰。

天爵堂笔余一卷，明薛岗撰。

资暇录一卷，唐李匡乂撰。

戏瑕一卷，明钱希言撰。

玉笑零音一卷，明田艺蘅撰。

竹坡老人诗话一卷，宋周紫芝撰。

笔经一卷，晋王羲之撰。

膳夫录一卷，唐郑望之撰。

林下盟一卷，明沈仕撰。

瓶花谱一卷，明张丑撰。

摄生要录一卷，明沈仕撰。
滇行日录一卷，清王昶撰。
太清记一卷，刘宋王韶之撰。
寓简一卷，宋沈作喆撰。
林下清录一卷，明沈仕撰。
真率笔记一卷
致虚杂俎一卷
下帷短牒一卷
燕闻录一卷，明陆深撰。
春风堂随笔一卷，明陆深撰。
枕谭一卷，明陈继儒撰。
群碎录一卷，明陈继儒撰。

四集

冷斋夜话一卷，宋释惠洪撰。
宜春传信录一卷，宋罗诱撰。
钱塘遗事一卷，元刘一清撰。
相学斋杂钞一卷，元鲜于枢撰。
明良记一卷，明杨仪撰。
陇蜀余闻一卷，清王士禛撰。
征缅纪闻一卷，清王昶撰。
蜀徼纪闻一卷，清王昶撰。
南中纪闻一卷，明包汝楫撰。
桂海果志一卷，宋范成大撰。
桂海虫鱼志一卷，宋范成大撰。
还冤记一卷，北齐颜之推撰。
蚓庵琐语一卷，清王逋撰。

西清诗话一卷，宋蔡绦撰。

研北杂记一卷，元陆友仁撰。

叩舷凭轼录一卷，明姜南撰。

华阳散稿二卷，清史震林撰。

醉乡日月一卷，唐皇甫崧撰。

蔬食谱一卷，宋陈达叟撰。

佩楚轩客谈一卷，元戚辅之撰。

雪鸿再录一卷，清王昶撰。

使楚丛谭一卷，清王昶撰。

台怀随笔一卷，清王昶撰。

投荒杂录一卷，唐房千里撰。

金华子杂编一卷，南唐刘崇远撰。

虚谷闲钞一卷，元方回撰。

桂海杂志一卷，宋范成大撰。

山陵杂记一卷，元杨奂撰。

志雅堂杂抄一卷，宋周密撰。

浩然斋视听抄一卷，宋周密撰。

诚斋杂记一卷，元周达观（一题林坤）撰。

顾曲杂言一卷，明沈德符撰。

北窗琐语一卷，明余永麟撰。

谭辂一卷，明张凤翼撰。

分甘余语二卷，清王士禛撰。

五集

征缅纪略一卷，清王昶撰。

高坡异纂三卷，明杨仪撰。

瓠里子笔谈一卷，明姜南撰。

遣戍伊犁日记一卷，清洪亮吉撰。

天山客话一卷，清洪亮吉撰。

艾子后语一卷，明陆灼撰。

猥谈一卷，明祝允明撰。

半野村人闲谈一卷，明姜南撰。

蓉塘纪闻一卷，明姜南撰。

蓬轩吴记二卷，明杨循吉撰。

蓬轩别记一卷，明杨循吉撰。

吴中故语一卷，明杨循吉撰。

觚剩八卷续编四卷，清钮琇撰。

然脂百一编六种，清傅以礼辑

东归纪事一卷，明王凤娴撰。

灯花占一卷，明王□撰。

追述黔涂略一卷，明邢慈静撰。

革除建文皇帝纪一卷，明徐德英撰。

老父云游始末一卷，清陆莘行撰。

尊前话旧一卷，清陆莘行撰。

外家纪闻一卷，清洪亮吉撰。

六集

玉照新志四卷，宋王明清撰。

王文正笔录一卷，宋王曾撰。

觚不觚录一卷，明王世贞撰。

睽车志一卷，元欧阳玄撰。

说听二卷，明陆延枝撰。

石林诗话三卷，宋叶梦得撰。

然灯纪闻一卷，清王士禛口授，清何世璂撰。

律诗定体一卷，清王士禛撰。

声调谱一卷，清赵执信撰。

谈龙录一卷，清赵执信撰。

西湖秋柳词一卷，清杨凤苞撰，清杨知新注。

幽梦影二卷，清张潮撰。

幽梦续影一卷，清弇山草衣（朱锡绶）撰。

匡庐纪游一卷，清吴阐思撰。

安南纪游一卷，清潘鼎珪撰。

涪翁杂说一卷，宋黄庭坚撰。

湖壖杂记一卷，清陆次云撰。

簪云楼杂说一卷，清陈尚古撰。

天香楼偶得一卷，清虞兆湰撰。

筠廊偶笔二卷，清宋荦撰。

七集

枫窗小牍二卷，宋袁褧撰，宋袁颐续。

幸蜀记一卷，唐宋居白撰。

谈助一卷，清王崇简撰。

庚巳编四卷，明陆粲撰。

樊榭山房集外诗一卷，清厉鹗撰。

碧鸡漫志一卷，宋王灼撰。

仿园清语一卷，清张荩撰。

赐砚斋题画偶录一卷，清戴熙撰。

九华新谱一卷，清吴昇撰。

麈余一卷，清曹宗璠撰。

泰山纪胜一卷，清孔贞瑄撰。

孙公谈圃三卷，宋孙升述，宋刘延世撰。

玉涧杂书一卷，宋叶梦得撰。

道山清话一卷，宋王暐撰。

天禄识余二卷，清高士奇撰。

八集

归田诗话三卷，明瞿佑撰。

麓堂诗话一卷，明李东阳撰。

明季咏史百一诗一卷，清张笃庆撰。

竹垞小志五卷，清杨蟠撰。

骖鸾录一卷，宋范成大撰。

续骖鸾录一卷，清张祥河撰。

游雁荡山记一卷，清周清原撰。

雅谑一卷，明浮白斋主人撰。

闽小记二卷，清周亮工撰。

遁斋偶笔二卷，清徐昆撰。

九集

莲子居词话四卷，清吴衡照撰。

锄经书舍零墨四卷，清黄协埙撰。

滹南诗话三卷（金）王若虚撰。

南行日记一卷，清吴广霈撰。

龙辅女红余志二卷，元龙辅撰。

酒颠二卷，明夏树芳撰，明陈继儒增。

茶董二卷，明夏树芳撰，明陈继儒补。

冬集纪程一卷，清周广业撰。

十集

救文格论一卷，清顾炎武撰。

师友诗传录一卷，清郎廷槐问，清王士禛、张笃庆、张实居答。

师友诗传续录一卷，清刘大勤问，清王士禛答。

金石要例一卷，清黄宗羲撰。

贮香小品九卷，清万后贤撰。

语新二卷，清钱学纶撰。

怀芳记一卷补遗一卷，清萝摩庵老人撰，清麋月楼主（谭献）注。

黄妳余话八卷，清陈锡路撰。

读通鉴论十卷，清王夫之撰，光绪二十五年（1899）上海官书局铅活字印本。

普通新历史一卷，普通学书室新编，光绪二十七年（1901）商务印书馆铅活字印本。

历史哲学前编一卷后编一卷，清罗伯雅译，光绪二十八年（1902）广智书局铅活字印本。

埃及史一卷，清赵必振译，光绪二十九年（1903）广智书局铅活字印本。

犹太史一卷，清赵必振译，光绪二十九年（1903）广智书局铅活字印本。

万国通史前编十卷，清蔡尔康笔述。光绪二十九年（1903）广学会铅活字印本。

万国通史续编十卷，清蔡尔康笔述。光绪三十年（1904）广学会铅活字印本。

万国通史三编十卷，清蔡尔康笔述。光绪三十一年（1905）广学会铅活字印本。

高等小学历史教科书一卷，清元和陈懋治撰，光绪三十年（1904）文明书局铅活字印本。

高等小学国文读本四卷，清顾倬编，光绪三十一年（1905）文明书局铅活字印本。

天韵阁诗存一卷，清黄箴撰，光绪三十一年（1905）上海谢文漪书画室铅活字印本。

商办苏省铁路股份有限公司详章一卷附续招新股章程一卷，佚名辑，光绪三十二年（1906）铅活字印本。

商办苏省铁路股份有限公司第一届报告清册一卷，光绪三十四年（1908）商务印书馆铅活字印本。

武进县

学务通议甲编二卷，清武进顾福棠撰，光绪间铅活字印本。

无锡县

剑霜龛吟稿四卷，清金匮秦宝鉴撰，宣统元年（1909）铅活字印本。

锡金四哲事实汇存（华蘅芳、华世芳、徐寿、徐建寅），清杨模等集，宣统二年（1910）铅活字印本。

柳州文牍二卷，清无锡杨道霖撰，宣统二年（1910）铅活字印本。

丹徒县

霍乱新论一卷，丹徒姚训恭撰，宣统元年（1909）铅活字印本。

京江盛氏重修宗谱不分卷，盛景曾纂修，宣统元年（1909）敬养堂铅活字印本。

溧阳县

溧阳陶氏支谱三卷，陶湘纂修，光绪三十四年（1908）铅活字印本。

太仓州

娄东小志七卷，清傅振海撰，光绪三十三年（1907）铅活字印本。

盐城县

后乐堂文钞九卷诗存一卷文钞续编九卷，清盐城陈玉澍撰，光绪二十七年（1901）铅活字印本。

淮阴县

小方壶斋丛书四集，清王锡祺辑，光绪十二年（1886）至光绪二十年（1894）清河王氏铅活字印本。

初集

孝经本赞一卷，明黄道周撰，光绪十二年（1886）排印。

春秋异地同名考一卷，清丁寿徵撰，光绪十三年（1887）排印。

左传杜注拾遗一卷，清阮芝生撰，光绪十三年（1887）排印。

律书律数条义疏一卷，清丘逢年撰，光绪十九年（1893）排印。

二集

夏小正传校勘记一卷，清丁寿徵撰，光绪十三年（1887）排印。

通俗文佚文一卷补音一卷，汉服虔撰，清顾櫰三辑并撰补音，光绪十二年（1886）排印。

风俗通义佚文一卷，汉应劭撰，清顾懷三辑，光绪十二年（1886）排印。

补后汉书艺文志三十一卷，清顾櫰三辑，光绪十九年（1893）排印。

淮城日记一卷，清张天民撰，光绪十二年（1886）排印。

思旧录一卷，清黄宗羲撰，光绪十三年（1887）排印。

寅宾录一卷，清鲁一同辑，光绪十九年（1893）排印。

白耷山人（阎尔梅）年谱一卷，清鲁一同撰，光绪十九年（1893）排印。

望社姓氏考一卷，清李元庚撰，光绪二十年（1894）排印。

东倭表一卷东倭考一卷，清金安清撰。

治安末议一卷，清王锡祺撰，光绪十八年

（1892）排印。

三集

日知录校正一卷，清丁晏撰，光绪十二年（1886）排印。

漱六山房读书记一卷，清吴昆田撰，光绪十三年（1887）排印。

丁氏遗著残稿一卷，清丁寿徵撰，光绪十二年（1886）排印。

汉隶今存录一卷，清王琛撰，光绪十二年（1886）排印。

淮阴金石仅存录一卷附编一卷补遗一卷，清罗振玉辑，光绪十八年（1892）排印。

国朝人书评一卷，清陈墉辑，光绪二十一年（1895）排印。

蜀游手记一卷，清高士魁撰，光绪十九年（1893）排印。

三案始末一卷，清包世臣撰，光绪十九年（1893）排印。

示儿长语一卷，清潘德舆撰，光绪十二年（1886）排印。

义贞事迹一卷，清程钟辑，光绪十九年（1893）排印。

历代鼎甲录一卷，清杨庆之辑，光绪十三年（1887）排印。

山阳河下园亭记一卷，清李元庚撰，光绪十八年（1892）排印。

四集

金壶浪墨一卷，清潘德舆撰，光绪十三年（1887）排印。

青毡梦一卷，清焦承秀撰，光绪十三年（1887）排印。

古藤画屋诗存一卷，清吴以諴撰，光绪二十年（1894）排印。

听雨草堂诗存一卷，清吴安谦撰，光绪二十年（1894）排印。

寓庸室遗草二卷，清郭瑗撰，光绪十八年（1892）排印。

虚静斋诗稿一卷，清高士魁撰，光绪十九年（1893）排印。

耳鸣山人剩稿一卷，清周寅撰，光绪十九年（1893）排印。

浑斋小稿一卷，清潘亮熙撰，光绪十八年（1892）排印。

使东诗录一卷，清张斯桂撰，光绪十九年（1893）排印。

小方壶斋舆地丛钞十二帙，清王锡祺辑，光绪十七年（1891）清河王氏铅活字印本。

第一帙

盖地论一卷，清俞正燮撰。

地球总论一卷，葡国玛吉士撰。

地理说略一卷，清吴钟史撰。

地理浅说一卷，美国林乐知撰。

地球志略一卷，清徐继畬撰。

地球形势说一卷，清龚柴撰。

地理形势考一卷，清龚柴撰。

五洲方域考一卷，清龚柴撰。

括地略一卷，清□□撰。

国地异名录一卷，清林谦撰。

五大洲舆地户口物产表一卷，清邝其照撰。

舆地全览一卷，清蔡方炳撰。

天下形势考一卷，清华湛恩撰。

舆地略一卷，清冯焌光撰。

府州厅县异名录一卷，清管斯骏撰。

中国方域考一卷，清龚柴撰。

中国形势考略一卷，清龚柴撰。

中国历代都邑考略一卷，清龚柴撰。

中国物产考略一卷，清龚柴撰。

舆览一卷，清何炳撰。

方舆纪要简览一卷，清潘铎撰。

满州考略一卷，清龚柴撰。

盛京考略一卷，清龚柴撰。

直隶考略一卷，清龚柴撰。

江苏考略一卷，清龚柴撰。

安徽考略一卷，清龚柴撰。

江西考略一卷，清龚柴撰。

浙江考略一卷，清龚柴撰。

福建考略一卷，清龚柴撰。

湖北考略一卷，清龚柴撰。

湖南考略一卷，清龚柴撰。

河南考略一卷，清龚柴撰。

山东考略一卷，清龚柴撰。

山西考略一卷，清龚柴撰。

陕西考略一卷，清龚柴撰。

甘肃考略一卷，清龚柴撰。

四川考略一卷，清龚柴撰。

广东考略一卷，清龚柴撰。

广西考略一卷，清龚柴撰。

云南考略一卷，清龚柴撰。

贵州考略一卷，清龚柴撰。

驿站路程一卷，清□□撰。

舆地经纬度里表一卷，清丁取忠撰。

松亭行纪一卷，清高士奇撰。

扈从东巡日录一卷附录一卷，清高士奇撰。

扈从西巡日录一卷，清高士奇撰。

塞北小钞一卷，清高士奇撰。

扈从纪程一卷，清高士奇撰。

迎驾纪恩一卷，清杨捷撰。

迎驾纪一卷，清杨捷撰。

迎驾纪恩录一卷，清王士禛撰。

南巡扈从纪略一卷，清张英撰。

迎驾始末一卷，清汪琬撰。

随銮纪恩一卷，清汪灏撰。

扈从赐游记一卷，清张玉书撰。

凤台祇谒笔记一卷，清董恂撰。

永宁祇谒笔记一卷，清董恂撰。

台怀随笔一卷，清王昶撰。

南巡名胜图说一卷，清高晋撰。

开国龙兴记一卷，清魏源撰。

奉天形势一卷，清张尚贤撰。

出边纪程一卷，清恩锡撰。

绝域纪略一卷，清方拱乾撰。

宁古塔纪略一卷，清吴桭臣撰。

柳边纪略一卷，清杨宾撰。

游宁古塔记一卷，清□□撰。

库叶附近诸岛考一卷，清何秋涛撰。

吉林勘界记一卷，清吴大澂撰。

龙沙纪略一卷，清方式济撰。

黑龙江外纪一卷，清西清撰。

卜魁风土记一卷，清方观承撰。

卜魁纪略一卷，清英和撰。

雅克萨考一卷，清何秋涛撰。

尼布楚考一卷，清何秋涛撰。

艮维窝集考一卷，清何秋涛撰。

东三省边防议一卷，清□□撰。

东北边防论一卷，清姚文栋撰。

东陲道里形势一卷，清胡传撰。

第二帙

蒙古吉林土风记一卷，清阮葵生撰。

塞上杂记一卷，清徐兰撰。

东蒙古形势考一卷，清林道原撰。

绥服内蒙古记一卷，清魏源撰。

绥服外蒙古记一卷，清魏源撰。

喀尔喀风土记一卷，清李德撰。

库伦记一卷，清姚莹撰。

蒙古五十一旗考一卷，清齐召南撰。

蒙古考略一卷，清龚柴撰。

蒙古边防议一卷，清陈黄中撰。

蒙古台卡略一卷，清龚自珍撰。

河套略一卷，清储大文撰。

绥服厄鲁特蒙古记一卷，清魏源撰。

青海考略一卷，清龚柴撰。

青海事宜论一卷，清龚自珍撰。

蒙古沿革考一卷，清□□撰。

卡伦形势记一卷，清姚莹撰。

征准噶尔记一卷，清魏源撰。

塞北纪程一卷，清马思哈撰。

西征纪略一卷，清殷化行撰。

塞程别纪一卷，清余寀撰。

从西纪略一卷，清范昭逵撰。

从军杂记一卷，清方观承撰。

两征厄鲁特记一卷，清魏源撰。

荡平准部记一卷，清魏源撰。

勘定回疆记一卷，清魏源撰。

高平行纪一卷，清王太岳撰。

新疆后事记一卷，清魏源撰。

新疆纪略一卷，清七十一撰。

回疆风土记一卷，清七十一撰。

回疆杂记一卷，清王曾翼撰。

西域释地一卷，清祁韵士撰。

西陲要略一卷，清祁韵士撰。

天山南北路考略一卷，清龚柴撰。

回部政俗论一卷，清□□撰。

喀什噶尔略论一卷，美国林乐知撰。

军台道里表一卷，清七十一撰。

西域置行省议一卷，清龚自珍撰。

新疆设行省议一卷，清□□撰。

西域设行省议一卷，清朱逢甲撰。

乌鲁木齐杂记一卷，清纪昀撰。

伊犁日记一卷，清洪亮吉撰。

天山客话一卷，清洪亮吉撰。

东归日记一卷，清方士淦撰。

荷戈纪程一卷，清林则徐撰。

莎车行纪一卷，清倭仁撰。

第三帙

卫藏识略一卷，清盛绳祖撰。

乌斯藏考一卷，清曹树翘撰。

前后藏考一卷，清姚莹撰。

西藏纪略一卷，清龚柴撰。

抚绥西藏记一卷，清魏源撰。

西藏后记一卷，清魏源撰。

西征记一卷，清毛振翧撰。

藏炉总记一卷，清王我师撰。

藏炉述异记一卷，清王我师撰。

西藏巡边记一卷，清松筠撰。

宁藏七十九族番民考一卷，清□□撰。

入藏程站一卷，清盛绳祖撰。

藏宁路程一卷，清松筠撰。

藏行纪程一卷，清杜昌丁撰。

进藏纪程一卷，清王世睿撰。

由藏归程记一卷，清林儁撰。

西征日记一卷，清徐瀛撰。

晋藏小录一卷，清徐瀛撰。

旃林纪略一卷，清徐瀛撰。

康輶纪行一卷，清姚莹撰。

前藏三十一城考一卷，清姚莹撰。

察木多西诸部考一卷，清姚莹撰。

乍丫图说一卷，清姚莹撰。

墨竹工卡记一卷，清王我师撰。

得庆记一卷，清王我师撰。

锡金考略一卷，清□□撰。

西招审隘篇一卷，清松筠撰。

西藏要隘考一卷，清黄沛翘撰。

西藏改省会论一卷，清□□撰。

西藏建行省议一卷，清王锡祺撰。

征廓尔喀记一卷，清魏源撰。

廓尔喀不丹合考一卷，清龚柴撰。

征乌梁海述略一卷，清何秋涛撰。

哈萨克述略一卷，清何秋涛撰。

外藩疆理考一卷，清□□撰。
西北边域考一卷，清魏源撰。
绥服西属国记一卷，清魏源撰。
外藩列传一卷，清七十一撰。
北徼形势考一卷，清何秋涛撰。
俄罗斯形势考一卷，清何秋涛撰。
俄罗斯源流考一卷，清缪祐孙撰。
俄罗斯诸路疆域考一卷，清何秋涛撰。
俄罗斯分部说一卷，清何秋涛撰。
俄罗斯疆域编一卷，清缪祐孙撰。
俄罗斯互市始末一卷，清何秋涛撰。
俄罗斯丛记一卷，清何秋涛撰。
北徼城邑考一卷，清何秋涛撰。
北徼方物考一卷，清何秋涛撰。
北徼喀伦考一卷，清何秋涛撰。
俄罗斯户口略一卷，清缪祐孙撰。
异域录一卷，清图理琛撰。
俄罗斯盟聘记一卷，清魏源撰。
俄罗斯附记一卷，清魏源撰。
奉使俄罗斯日记一卷，清张鹏翮撰。
出塞纪略一卷，清钱良择撰。
聘盟日记一卷，俄国雅兰布撰。
绥服纪略一卷，清松筠撰。
海隅从事录一卷，清丁寿祺撰。
使俄日记一卷，清张德彝撰。
金轺筹笔一卷，清□□撰。

俄游日记一卷，清缪祐孙撰。

亚洲俄属考略一卷，清龚柴撰。

取中亚细亚始末记一卷，清缪祐孙译。

西伯利记一卷，日本冈本监辅撰。

取悉毕尔始末记一卷，清缪祐孙译。

俄属海口记一卷，清□□撰。

海参崴埠通商论一卷，清□□撰。

珲春琐记一卷，清□□撰。

北游纪略一卷，清吴□撰。

伯利探路记一卷，清曹廷杰撰。

虾夷纪略一卷，清姚棻撰。

俄罗斯疆界碑记一卷，清徐元文撰。

中俄交界记一卷，清王锡祺撰。

通俄道里表一卷，清缪祐孙撰。

第四帙

五岳说一卷，清姚鼐撰。

五岳约一卷，清韩则愈撰。

泰山脉络纪一卷，清李光地撰。

泰山纪胜一卷，清孔贞瑄撰。

登岱记一卷，清余缙撰。

登泰山记一卷，清沈彤撰。

泰山道里记一卷，清聂鈫撰。

游泰山记一卷，清吴锡麒撰。

登泰山记一卷，清姚鼐撰。

游南岳记一卷，清金之俊撰。

衡岳游记一卷，清黄周星撰。

游南岳记一卷，清潘耒撰。
登南岳记一卷，清唐仲冕撰。
游南岳记一卷，清罗泽南撰。
重游岳麓记一卷，清李元度撰。
嵩岳考一卷，清田雯撰。
嵩山说一卷，清朱云锦撰。
游中岳记一卷，清潘耒撰。
游太室记一卷，清田雯撰。
登华记一卷，清屈大均撰。
华山经一卷，清东荫商撰。
华山志概一卷，清王弘嘉撰。
登华山记一卷，清乔光烈撰。
登太华山记一卷，清谢振定撰。
太华纪游略一卷，清赵嘉肇撰。
恒山记一卷，清□□撰。
恒岳记一卷，清王锡祺撰。
北岳辨一卷，清顾炎武撰。
北岳中岳论一卷，清阎若璩撰。
封长白山记一卷，清方象瑛撰。
长白山记一卷，清阮葵生撰。
游千顶山记一卷，清张玉书撰。
游西山记一卷，清怀应聘撰。
西山游记一卷，清王嗣槐撰。
游西山记一卷，清吴锡麒撰。
游西山记一卷，清李宗昉撰。
游西山记一卷，清常安撰。

游翠微山记一卷，清冯志沂撰。

翠微山记一卷，清张际亮撰。

天寿山说一卷，清龚自珍撰。

游上方山记一卷，清谢振定撰。

翃题上方二山纪游一卷，清查礼撰。

游盘山记一卷，清高士奇撰。

游盘山记一卷，清常安撰。

石门诸山记一卷，清陆舜撰。

游钟山记一卷，清洪若皋撰。

游钟山记一卷，清顾宗泰撰。

游清凉山记一卷，清洪亮吉撰。

游摄山记一卷，清王士禛撰。

摄山纪游一卷，清朱绶撰。

栖霞山揽胜记一卷，清汪锡祺撰。

游幕府山泛舟江口记一卷，清洪亮吉撰。

花山游记一卷，清陆求可撰。

游宝华山记一卷，清王士禛撰。

茅山记一卷，清马世俊撰。

游瓜步山记一卷，清梅曾亮撰。

游吴山记一卷，清汤传楹撰。

游虎邱记一卷，清汤传楹撰。

虎邱往还记一卷，清汤传楹撰。

游西山记一卷，清彭绩撰。

游灵岩山记一卷，清王恪撰。

游灵岩记一卷，清尤侗撰。

灵岩怀旧记一卷，清汤传楹撰。

游寒山记一卷，清王恪撰。

游茶山记一卷，清顾宗泰撰。

游马驾山记一卷，清汪琬撰。

弹山吾家山游记一卷，清邵长蘅撰。

游洞庭西山记一卷，清金之俊撰。

登洞庭两山记一卷，清怀应聘撰。

游洞庭西山记一卷，清缪彤撰。

游西洞庭记一卷，清潘耒撰。

游洞庭两山记一卷，清赵怀玉撰。

西洞庭志一卷，清王廷瑚撰。

游包山记一卷，清沈彤撰。

游石公山记一卷，清叶廷琯撰。

游渔洋山记一卷，清沈德潜撰。

游虞山记一卷，清尤侗撰。

游虞山记一卷，清沈德潜撰。

游虞山记一卷，清黄金台撰。

游马鞍山记一卷，清朱玮撰。

玉峰游记一卷，清蔡锡龄撰。

游细林山记一卷，清黄金台撰。

游横云山记一卷，清黄金台撰。

毗陵诸山记一卷，清邵长蘅撰。

游蜀山记一卷，清史承豫撰。

游龙池山记一卷，清吴骞撰。

游龙池山记一卷，清陈经撰。

游横山记一卷，清曹堉撰。

游焦山记一卷，清刘体仁撰。

游焦山记一卷，清冷士嵋撰。

游焦山记一卷，清吴锡麒撰。

游焦山记一卷，清顾宗泰撰。

游焦山记一卷，清谢振定撰。

游焦山记一卷，清汤金钊撰。

游焦山记一卷，清黄金台撰。

游蒜山记一卷，清沈德潜撰。

象山记一卷，清何絜撰。

游北固山记一卷，清周镐撰。

游北固山记一卷，清阮宗瑗撰。

游金焦北固山记一卷，清李元度撰。

游京口南山记一卷，清洪亮吉撰。

登燕山记一卷，清马世俊撰。

方山记一卷，清马世俊撰。

游江上诸山记一卷，清汪缙撰。

五山志略一卷，清刘名芳撰。

五狼山记一卷，清王宜亨撰。

游象山麓记一卷，清丁腹松撰。

游军山记一卷，清张廷珪撰。

紫琅游记一卷，清李联琇撰。

游云龙山记一卷，清张贞撰。

游睢宁诸山记一卷，清丁显撰。

云台山记一卷，清姚陶撰。

游云台山记一卷，清常安撰。

游云台山北记一卷，清吴进撰。

游浮山记一卷，清何永绍撰。

游浮山记一卷，清李兆洛撰。
黄山游记一卷，清王炜撰。
黄山史概一卷，清陈鼎撰。
黝山纪游一卷，清汪淮撰。
游黄山记一卷，清袁枚撰。
游黄山记一卷，清曹文埴撰。
游黄山记一卷，清黄钺撰。
黄山纪游一卷，清王灼撰。
黄山纪游一卷，清黄肇敏撰。
白岳游记一卷，清施闰章撰。
披云山记一卷，清许楚撰。
游灵山记一卷，清许楚撰。
绩溪山水记一卷，清汪士铎撰。
黟县山水记一卷，清俞正燮撰。
游石柱山记一卷，清储大文撰。
游敬亭山记一卷，清李确撰。
游敬亭山记一卷，清王庆麟撰。
游九华记一卷，清怀应聘撰。
游九华记一卷，清施闰章撰。
九华日录一卷，清周天度撰。
游九华山记一卷，清洪亮吉撰。
齐山岩洞志一卷，清陈蔚撰。
横山游记一卷，清吴铭道撰。
梅村山水记一卷，清桂超万撰。
游青山记一卷，清朱筠撰。
过关山记一卷，清管同撰。

盱江诸山游记一卷，清施闰章撰。

从姑山记一卷，清涂瑞撰。

游炉山记一卷，清罗有高撰。

西山游记一卷，清徐世溥撰。

游怀玉山记一卷，清赵佑撰。

游龟峰山记一卷，清李宗昉撰。

军阳山记一卷，清郑日奎撰。

游鹅湖山记一卷，清□□撰。

匡庐游录一卷，清黄宗羲撰。

庐山纪游一卷，清查慎行撰。

匡庐纪游一卷，清吴阐思撰。

游庐山记一卷，清潘耒撰。

游庐山记一卷，清袁枚撰。

游庐山记一卷，清洪亮吉撰。

游庐山记一卷，清恽敬撰。

游庐山后记一卷，清恽敬撰。

游庐山天池记一卷，清李宗昉撰。

游大孤山记一卷，清张际亮撰。

登小孤山记一卷，清方宗诚撰。

游石钟山记一卷，清周准撰。

军峰山小记一卷，清曾鸿麟撰。

游福山记一卷，清涂瑞撰。

游麻姑山记一卷，清曾国藩撰。

军峰记一卷，清应昇撰。

凤凰山记一卷，清谢阶树撰。

邓公岭经行记一卷，清李荣陛撰。

黄皮山游纪略一卷，清李荣陛撰。

大阳山游纪略一卷，清李荣陛撰。

大围山游纪略一卷，清李荣陛撰。

游西阳山记一卷，清彭士望撰。

游青原山记一卷，清李祖陶撰。

翠微峰记一卷，清彭士望撰。

游翠微峰记一卷，清恽敬撰。

吴山纪游一卷，清毛际可撰。

游孤山记一卷，清邵长蘅撰。

游硖石两山记一卷，清黄金台撰。

游天目山记一卷，清金之俊撰。

游两尖山记一卷，清赵怀玉撰。

云岫山游记一卷，清李确撰。

游鹰窠顶记一卷，清黄之隽撰。

游陈山记一卷，清李确撰。

蠡山记一卷，清徐倬撰。

游白鹊山记一卷，清钦善撰。

道场山游记一卷，清吕星垣撰。

登道场山记一卷，清钦善撰。

游道场白雀诸山记一卷，清黄金台撰。

游大小玲珑山记一卷，清杨凤苞撰。

普陀纪胜一卷，清许琰撰。

游柯山记一卷，清吴高增撰。

游吼山记一卷，清吴高增撰。

游吼山记一卷，清李宗昉撰。

天台山记一卷，清蒋薰撰。

游天台山记一卷，清潘耒撰。
游天台山记一卷，清洪亮吉撰。
天台游记一卷，清杨葆光撰。
游仙居诸山记一卷，清潘耒撰。
横山记一卷，清王崇炳撰。
禹山记一卷，清王崇炳撰。
雁山杂记一卷，清韩则愈撰。
游雁荡山记一卷，清潘耒撰。
游雁荡山记一卷，清周清原撰。
游雁荡记一卷，清方苞撰。
游雁荡日记一卷，清梁章钜撰。
北雁荡纪游一卷，清郭钟岳撰。
雁山便览记一卷，清释道融撰。
游南雁荡记一卷，清潘耒撰。
南雁荡纪游一卷，清张盛藻撰。
南雁荡纪游一卷，清郭钟岳撰。
中雁荡纪游一卷，清张盛藻撰。
桃花隘诸山记一卷，清蒋薰撰。
芙蓉嶂诸山记一卷，清蒋薰撰。
小仙都诸山记一卷，清蒋薰撰。
黄龙山记一卷，清蒋薰撰。
游黄龙山记一卷，清袁枚撰。
游鼓山记一卷，清徐釚撰。
游鼓山记一卷，清朱仕琇撰。
游鼓山记一卷，清洪若皋撰。
游鼓山记一卷，清潘耒撰。

武夷纪胜一卷，清□□撰。

武夷山游记一卷，清郑恭撰。

武夷游记一卷，清陈朝俨撰。

武夷游记一卷，清林霍撰。

武夷导游记一卷，清释如疾撰。

游武夷山记一卷，清袁枚撰。

游武夷山记一卷，清洪亮吉撰。

九曲游记一卷，清陆棻撰。

黄鹄山记一卷，清陈本立撰。

游襄城山水记一卷，清周准撰。

武当山记一卷，清王锡祺撰。

游五脑山记一卷，清洪良品撰。

游龙山记一卷，清罗泽南撰。

游石门记一卷，清罗泽南撰。

罗山记一卷，清罗泽南撰。

登君山记一卷，清陶澍撰。

游连云山记一卷，清李元度撰。

登天岳山记一卷，清李元度撰。

游大云山记一卷，清吴敏树撰。

游金牛山记一卷，清潘耒撰。

游桃源山记一卷，清李澄中撰。

前游桃花源记一卷，清陈廷庆撰。

后游桃花源记一卷，清陈廷庆撰。

游永州近治山水记一卷，清乔莱撰。

游林虑山记一卷，清潘耒撰。

游天平山记一卷，清吕星垣撰。

游唐王山记一卷，清宋世荦撰。

游桐柏山记一卷，清田雯撰。

游丰山记一卷，清沈彤撰。

诰屏山记一卷，清陆求可撰。

游历山记一卷，清黄钺撰。

游华不注记一卷，清全祖望撰。

登千佛山记一卷，清方宗诚撰。

长白山录一卷，清王士禛撰。

游龙洞山记一卷，清施闰章撰。

游徂徕记一卷，清朱钟撰。

敖山记一卷，清赵佑撰。

登峄山记一卷，清朱彝尊撰。

游蒙山记一卷，清朱泽沄撰。

登嵖山记一卷，清安致远撰。

游仰天记一卷，清安致远撰。

游石门记一卷，清安致远撰。

游五莲记一卷，清安致远撰。

游九仙记一卷，清安致远撰。

游岠崛院诸山记一卷，清周正撰。

游方山记一卷，清郝懿行撰。

游程符山记一卷，清阎循观撰。

游卦山记一卷，清赵吉士撰。

五台山记一卷，清顾炎武撰。

老姥掌游记一卷，清陈廷敬撰。

游龙门记一卷，清乔光烈撰。

嵯峨山记一卷，清刘绍攽撰。

游牛头山记一卷，清董佑诚撰。

太白纪游略一卷，清赵嘉肇撰。

陕甘诸山考一卷，清戴祖启撰。

首阳山记一卷，清蒋薰撰。

游章山记一卷，清刘绍攽撰。

窦圌山记一卷，清王侃撰。

萃龙山记一卷，清彭端淑撰。

蕓颐山记一卷，清王侃撰。

青城山行记一卷，清江锡龄撰。

游峨眉山记一卷，清窦絅撰。

游凌云记一卷，清张洲撰。

木耳占记一卷，清王昶撰。

游白云山记一卷，清陆棻撰。

游白云山记一卷，清陈梦照撰。

游榄山记一卷，清姚莹撰。

游罗浮记一卷，清潘耒撰。

游罗浮山记一卷，清恽敬撰。

浮山纪胜一卷，清黄培芳撰。

游烂柯山记一卷，清□□撰。

游丹霞记一卷，清袁枚撰。

经丹霞山记一卷，清恽敬撰。

栖霞山游记一卷，清吴□撰。

游隐山记一卷，清黄之隽撰。

游隐山六洞记一卷，清罗辰撰。

游桂林诸山记一卷，清袁枚撰。

桂林诸山别记一卷，清郑献甫撰。

桂郁岩洞记一卷，清贾敦临撰。

游鸡足山记一卷，清王昶撰。

昆仑异同考一卷，清张穆撰。

冈底斯山考一卷，清魏源撰。

葱岭三幹考一卷，清魏源撰。

北幹考一卷，清魏源撰。

北徼山脉考一卷，清何秋涛撰。

俄罗斯山形志一卷，清缪祐孙撰。

游滴水岩记一卷，清王崇简撰。

登燕子矶记一卷，清王士禛撰。

游燕子矶沿山诸洞记一卷，清阮宗瑗撰。

登燕子矶记一卷，清王锡祺撰。

游小盘谷记一卷，清梅曾亮撰。

游牛头坞记一卷，清沈德潜撰。

游支硎中峰记一卷，清李果撰。

游鹁鸽峰记一卷，清黄廷鉴撰。

游剑门记一卷，清盛大士撰。

游善卷洞记一卷，清史承豫撰。

游张公洞记一卷，清邵长蘅撰。

游张公洞记一卷，清吴骞撰。

山门游记一卷，清施闰章撰。

游白鹤峰记一卷，清姚莹撰。

东山岩记一卷，清郑日奎撰。

葛坛游记一卷，清李联琇撰。

游梅田洞记一卷，清李绂撰。

游通天岩记一卷，清恽敬撰。

游罗汉岩记一卷，清恽敬撰。
飞来峰记一卷，清邵长蘅撰。
烟霞岭游记一卷，清赵坦撰。
游云岩记一卷，清钦善撰。
游碧岩记一卷，清钦善撰。
游天窗岩记一卷，清郭传璞撰。
香炉峰纪游一卷，清朱绶撰。
游金华洞记一卷，清曹宗璠撰。
游玉甑峰记一卷，清潘耒撰。
游仙岩记一卷，清潘耒撰。
三岩洞记一卷，清蒋薰撰。
游仙都峰记一卷，清袁枚撰。
游水尾岩记一卷，清林佶撰。
重游灵应峰记一卷，清朱仕琇撰。
登大王峰记一卷，清李卷撰。
游普陀峰记一卷，清徐乾学撰。
游赤壁记一卷，清邵长蘅撰。
游三游洞纪一卷，清刘大櫆撰。
卯峒记一卷，清林翼池撰。
游麻姑洞记一卷，清洪良品撰。
游天井峰记一卷，清罗泽南撰。
游静谷冲记一卷，清罗辰撰。
游永州三岩记一卷，清潘耒撰。
乾溪洞记一卷，清张九钺撰。
桂阳石洞记一卷，清彭而述撰。
伏牛洞记一卷，清史承豫撰。

游佛峪龙洞记一卷，清黄钺撰。

游灵岩记一卷，清姚鼐撰。

游黄红峪记一卷，清赵进美撰。

游烟霞洞记一卷，清周正撰。

游乾阳洞纪略一卷，清张端亮撰。

洪花洞记一卷，清郝懿行撰。

龙母洞记一卷，清胡天游撰。

探灵岩记一卷，清张洲撰。

黄婆洞记一卷，清盛谟撰。

游碧落洞记一卷，清廖燕撰。

游潮水岩记一卷，清廖燕撰。

游杨历岩记一卷，清张九钺撰。

游七星岩记一卷，清乔莱撰。

七星岩记一卷，清□□撰。

七星岩记一卷，清□□撰。

游伏波岩记一卷，清乔莱撰。

游铁城记一卷，清郑献甫撰。

游白龙洞记一卷，清郑献甫撰。

游丹霞岩九龙洞记一卷，清郑献甫撰。

游燕子洞记一卷，清尤维熊撰。

牟珠洞记一卷，清黄安涛撰。

飞云洞记一卷，清彭而述撰。

飞云洞记一卷，清许元仲撰。

少寨洞记一卷，清洪亮吉撰。

狮子崖记一卷，清洪亮吉撰。

游龙岩记一卷，清梁玉绳撰。

方舆诸山考一卷，清王锡祺撰。

水道总考一卷，清华湛恩撰。

水经要览一卷，清黄锡龄撰。

各省水道图说一卷，清□□撰。

江道编一卷，清齐召南撰。

江源记一卷，清查拉吴麟撰。

江源考一卷，清张文虎撰。

江防总论一卷，清姜宸英撰。

防江形势考一卷，清华湛恩撰。

入江巨川编一卷，清齐召南撰。

长江津要一卷，清马徵麟撰。

淮水编一卷，清齐召南撰。

淮水考一卷，清郭起元撰。

淮水说一卷，清朱云锦撰。

寻淮源记一卷，清沈彤撰。

入淮巨川编一卷，清齐召南撰。

黄河编一卷，清齐召南撰。

黄河说一卷，清朱云锦撰。

河源记一卷，清舒兰撰。

河源图说一卷，清吴省兰撰。

河源异同辨一卷，清范本礼撰。

全河备考一卷，清叶方恒撰。

入河巨川编一卷，清齐召南撰。

东西二汉水辨一卷，清王士禛撰。

汉水发源考一卷，清王筠撰。

济渎考一卷，清田雯撰。

黑龙江水道编一卷，清齐召南撰。
东北海诸水编一卷，清齐召南撰。
十三道嘎牙河纪略一卷，清胡传撰。
盛京诸水编一卷，清齐召南撰。
热河源记一卷，清阮葵生撰。
京畿诸水编一卷，清齐召南撰。
畿南河渠通论一卷，清□□撰。
畿东河渠通论一卷，清□□撰。
永定河源考一卷，清蔡锡龄撰。
水利杂记一卷，清郑日奎撰。
大陆泽图说一卷，清王原祁撰。
漳河源流考一卷，清贺应旌撰。
汴水说一卷，清朱际虞撰。
汝水说一卷，清冯焌光撰。
山东诸水编一卷，清齐召南撰。
会通河水道记一卷，清俞正燮撰。
濬小清河议一卷，清张鹏撰。
东湖记一卷，清储方庆撰。
贾鲁河说一卷，清朱云锦撰。
运河水道编一卷，清齐召南撰。
太湖源流编一卷，清齐召南撰。
三江考一卷，清毛奇龄撰。
三江考一卷，清王廷瑚撰。
中江考一卷，清顾观光撰。
南江考一卷，清顾观光撰。
濬吴淞江议一卷，清张世友撰。

毗陵诸水记一卷，清邵长蘅撰。

扬州水利论一卷，清□□撰。

治下河论一卷，清张鹏翮撰。

洩湖入江议一卷，清叶机撰。

高家堰记一卷，清俞正燮撰。

淮北水利说一卷，清丁显撰。

江西水道考一卷，清□□撰。

浙江诸水编一卷，清齐召南撰。

两浙水利详考一卷，清□□撰。

浦阳江记一卷，清全祖望撰。

闽江诸水编一卷，清齐召南撰。

九江考一卷，清夏大观撰。

五溪考一卷，清檀萃撰。

湘水记一卷，清王文清撰。

漓湘二水记一卷，清乔莱撰。

甘肃诸水编一卷，清齐召南撰。

粤江诸水编一卷，清齐召南撰。

西江源流说一卷，清劳孝舆撰。

广西三江源流考一卷，清高辑撰。

云南诸水编一卷，清齐召南撰。

云南三江水道考一卷，清张机南撰。

黔中水道记一卷，清晏斯盛撰。

苗疆水道考一卷，清严如熤撰。

三黑水考一卷，清张邦伸撰。

黑水考一卷，清陶澍撰。

大金沙江考一卷，清魏源撰。

开金沙江议一卷，清师范撰。

富良江源流考一卷，清范本礼撰。

蒙古水道略一卷，清龚自珍撰。

塞北漠南诸水汇编一卷，清齐召南撰。

西北诸水编一卷，清齐召南撰。

西域诸水编一卷，清齐召南撰。

西域水道记一卷，清徐松撰。

西藏诸水编一卷，清齐召南撰。

西徼水道一卷，清黄懋材撰。

北徼水道考一卷，清何秋涛撰。

色楞格河源流考一卷，清何秋涛撰。

额尔齐斯河源流考一卷，清何秋涛撰。

俄罗斯水道记一卷，清缪祐孙撰。

山水考一卷，清□□撰。

天下高山大川考一卷，清龚柴撰。

宇内高山大河考一卷，日本木村杏卿撰。

泛大通桥记一卷，清吴锡麒撰。

泛通河记一卷，清梅曾亮撰。

浴温泉记一卷，清常安撰。

游后湖记一卷，清曾国藩撰。

游消夏湾记一卷，清洪亮吉撰。

游黄公涧记一卷，清孙尔准撰。

观水杂记一卷，清田雯撰。

游万柳池记一卷，清任瑗撰。

游三龙潭记一卷，清吴进撰。

游双溪记一卷，清姚鼐撰。

游媚笔泉记一卷，清姚鼐撰。
游南湖记一卷，清洪亮吉撰。
泛颖记一卷，清彭兆荪撰。
游玉帘泉记一卷，清黄永年撰。
湖山便览一卷，清翟灏撰。
西湖考一卷，清王晫撰。
西湖游记一卷，清陆求可撰。
西湖纪游一卷，清张仁美撰。
西湖游记一卷，清查人渶撰。
龙井游记一卷，清吕星垣撰。
小港记一卷，清赵坦撰。
游鸳鸯湖记一卷，清方象瑛撰。
黯淡滩记一卷，清徐宗幹撰。
湘行记一卷，清彭而述撰。
泛潇湘记一卷，清黄之隽撰。
三滩记一卷，清陆次云撰。
游浯溪记一卷，清彭而述撰。
浯溪记一卷，清黄之隽撰。
泛百门泉记一卷，清吕星垣撰。
游百门泉记一卷，清刘大櫆撰。
游珍珠泉记一卷，清王昶撰。
游南池记一卷，清管同撰。
游大明湖记一卷，清姚光鼐撰。
游趵突泉记一卷，清怀应聘撰。
冶源纪游一卷，清王苹撰。
游五姓湖记一卷，清牛运震撰。

天池记一卷，清彭兆荪撰。

猩猩滩记一卷，清徐文驹撰。

游磻溪记一卷，清乔光烈撰。

游钓台记一卷，清董诏撰。

出峡记一卷，清张洲撰。

游惠州西湖记一卷，清□□撰。

浈水纪行一卷，清郑献甫撰。

游金粟泉记一卷，清吴育撰。

访苏泉记一卷，清吴育撰。

象州沸泉记一卷，清郑献甫撰。

游龙泉记一卷，清王昶撰。

净海记一卷，清洪亮吉撰。

游雨花台记一卷，清林云铭撰。

游观音门谯楼记一卷，清阮宗瑗撰。

游沧浪亭记一卷，清□□撰。

游狮子林记一卷，清黄金台撰。

游姑苏台记一卷，清宋荦撰。

游姑苏台记一卷，清汪琬撰。

弥罗阁望山记一卷，清李联琇撰。

游虎山桥记一卷，清顾宗泰撰。

游秦园记一卷，清邵长蘅撰。

平山堂记一卷，清全祖望撰。

刘伶台记一卷，清阮晋撰。

韩侯钓台记一卷，清刘培元撰。

游爱莲亭记一卷，清丘兢撰。

游周桥记一卷，清程廷祚撰。

游龙亭记一卷，清方承之撰。

游平波台记一卷，清黄金台撰。

游钓台记一卷，清郑日奎撰。

游濑乡记一卷，清朱书撰。

游喜雨亭记一卷，清徐文驹撰。

游潭柘寺记一卷，清张文铨撰。

游宝藏寺记一卷，清郭沛霖撰。

龙泉寺记一卷，清刘嗣绾撰。

游鸡鸣寺记一卷，清李懿曾撰。

游金陵城南诸刹记一卷，清王士禛撰。

游湖心寺记一卷，清阮宗瑗撰。

游海岳庵记一卷，清储在文撰。

游禅窟寺记一卷，清项樟撰。

游石崆庵记一卷，清许楚撰。

游智门寺记一卷，清郭传璞撰。

游少林寺记一卷，清田雯撰。

游晋祠记一卷，清朱彝尊撰。

游晋祠记一卷，清刘大櫆撰。

游峡山寺记一卷，清吴育撰。

游太华寺记一卷，清李澄中撰。

游铜瓦寺记一卷，清张九钺撰。

第五帙

南游记一卷，清孙嘉淦撰。

还京日记一卷，清吴锡麒撰。

南归记一卷，清吴锡祺撰。

停骖随笔一卷，清程庭撰。

春帆纪程一卷，清程庭撰。

舟行日记一卷，清姚文然撰。

转漕日记一卷，清李钧撰。

舟行记一卷，清张必刚撰。

省闱日记一卷，清顾禄撰。

南行日记一卷，清黄钧宰撰。

旧乡行纪一卷，清邵嗣宗撰。

雪鸿再录一卷，清王昶撰。

江行日记一卷，清郭麐撰。

东路记一卷，清恽敬撰。

乡程日记一卷，清王相撰。

南游笔记一卷，清曹钧撰。

泛桨录一卷，清黄钺撰。

闽行日记一卷，清俞樾撰。

北行日录一卷，清黄钧宰撰。

入都日记一卷，清周星誉撰。

南归记一卷，清方宗诚撰。

北征日记一卷，清洪良品撰。

北行日记一卷，清陈炳泰撰。

北行日记一卷，清王锡祺撰。

南游日记一卷，清王锡祺撰。

游踪选胜一卷，清俞蛟撰。

名胜杂记一卷，清王光彦撰。

鸿雪因缘图记一卷，清麟庆撰。

浪游记快一卷，清沈□撰。

风土杂录一卷，清孙兆溎撰。

观光纪游一卷，日本冈千仞撰。

第六帙

京师偶记一卷，清柴桑撰。

燕京杂记一卷，清□□撰。

昌平州说一卷，清龚自珍撰。

热河小记一卷，清吴锡麒撰。

出口程记一卷，清李调元撰。

居庸关说一卷，清龚自珍撰。

金陵志地录一卷，清金鳌撰。

吴语一卷，清戴延年撰。

吴趋风土录一卷，清顾禄撰。

姑苏采风类记一卷，清张大纯撰。

宝山记游一卷，清管同撰。

扬州名胜录一卷，清李斗撰。

真州风土记一卷，清厉秀芳撰。

山阳风俗物产志一卷，清吴昆田撰。

清河风俗物产志一卷，清鲁一同撰。

徐州舆地考一卷，清方骏谟撰。

海曲方域小志一卷，清金榜撰。

龙眠游记一卷，清何永绍撰。

西干记一卷，清宋和撰。

怀远偶记一卷，清柴桑撰。

枞江游记一卷，清刘开撰。

雩都行记一卷，清刘开撰。

南丰风俗物产志一卷，清鲁琪光撰。

杭俗遗风一卷，清范祖述撰。

杭州游记一卷，清邹方锷撰。

杭州城南古迹记一卷，清赵坦撰。

峡川志略一卷，清蒋宏任撰。

汤阴风俗志一卷，清□□撰。

天台风俗志一卷，清□□撰。

宁化风俗志一卷，清李□撰。

楚游纪略一卷，清王沄撰。

监利风土志一卷，清王柏心撰。

使楚丛谭一卷，清王昶撰。

容美纪游一卷，清顾彩撰。

湖南方物志一卷，清黄本骥撰。

桂阳风俗记一卷，清□□撰。

郴东桂阳小记一卷，清彭而述撰。

乾州小志一卷，清吴高增撰。

永州纪胜一卷，清王岱撰。

永顺小志一卷，清张天如撰。

奉使纪胜一卷，清陈阶平撰。

齐鲁游纪略一卷，清王沄撰。

历下志游一卷，清孙点撰。

长河志籍考一卷，清田雯撰。

行山路记一卷，清李慎传撰。

三省边防形势录一卷，清严如熤撰。

老林说一卷，清严如熤撰。

河南关塞形胜说一卷，清朱云锦撰。

共城游记一卷，清余缙撰。

商洛行程记一卷，清王昶撰。

云中纪程一卷，清高懋功撰。

保德风土记一卷，清陆燿撰。

归化行程记一卷，清韦坦撰。

游秦偶记一卷，清柴桑撰。

西征述一卷后西征述一卷，清蒋湘南撰。

皋兰载笔一卷，清陈奕禧撰。

贺兰山口记一卷，清储大文撰。

兰州风土记一卷，清□□撰。

度陇记一卷，清董恂撰。

西行琐录一卷，德国福克撰。

边防三事一卷，清黄焜撰。

西番各寺记一卷，清阮葵生撰。

第七帙

蜀游纪略一卷，清王沄撰。

蜀道驿程记一卷，清王士禛撰。

秦蜀驿程记一卷，清王士禛撰。

陇蜀余闻一卷，清王士禛撰。

使蜀日记一卷，清方象瑛撰。

益州于役记一卷，清陈奕禧撰。

蜀輶日记一卷，清陶澍撰。

蜀游日记一卷，清黄勤业撰。

雅州道中小记一卷，清王昶撰。

夔行纪程一卷，清陈明申撰。

西征记一卷，清刘绍攽撰。

北游纪程一卷，清高延第撰。

巴船纪程一卷，清洪良品撰。

东归录一卷，清洪良品撰。

游蜀日记一卷，清吴焘撰。

游蜀后记一卷，清吴焘撰。

川中杂识一卷，清吴焘撰。

粤述一卷，清闵叙撰。

粤西偶记一卷，清陆祚蕃撰。

粤西琐记一卷，清沈曰霖撰。

漓江杂记一卷，清金武祥撰。

滇南通考一卷，清王思训撰。

滇南杂志一卷，清曹树翘撰。

全滇形势论一卷，清刘彬撰。

入滇陆程考一卷，清师范撰。

入滇江路考一卷，清师范撰。

滇南新语一卷，清张泓撰。

滇南杂记一卷，清吴应枚撰。

寻亲纪程一卷，清黄向坚撰。

滇还日记一卷，清黄向坚撰。

洱海丛谈一卷，清释同揆撰。

滇游记一卷，清陈鼎撰。

滇行纪程一卷续钞一卷，清许瓒曾撰。

东还纪程一卷续钞一卷，清许瓒曾撰。

自滇入都程记一卷，清杨名时撰。

滇行日录一卷，清王昶撰。

滇轺纪程一卷，清林则徐撰。

使滇纪程一卷，清杨怿曾撰。

云南风土记一卷，清张咏撰。

探路日记一卷，英国□□撰。

滇游日记一卷，清包家吉撰。

顺宁杂著一卷，清刘靖撰。

黔囊一卷，清檀萃撰。

黔记一卷，清李宗昉撰。

黔西古迹考一卷，清钱霦撰。

黔游记一卷，清陈鼎撰。

黔中杂记一卷，清黄元治撰。

黔中纪闻一卷，清张澍撰。

贵州道中记一卷，清谢阶树撰。

古州杂记一卷，清林溥撰。

粤滇杂记一卷，清赵翼撰。

第八帙

平定两金川述略一卷，清赵翼撰。

蜀徼纪闻一卷，清王昶撰。

金川琐记一卷，清李心衡撰。

八排风土记一卷，清李来章撰。

金厂行记一卷，清余庆长撰。

维西见闻纪一卷，清余庆远撰。

永昌土司论一卷，清刘彬撰。

黔苗蛮记一卷，清田雯撰。

滇黔土司婚礼记一卷，清陈鼎撰。

峒溪织志一卷，清陆次云撰。

说蛮一卷，清檀萃撰。

猺獞传一卷，清诸匡鼎撰。

苗俗纪闻一卷，清方亨咸撰。

苗俗记一卷，清贝青乔撰。

苗民考一卷，清龚柴撰。

苗疆城堡考一卷，清严如熤撰。

苗疆村寨考一卷，清严如熤撰。

苗疆险要考一卷，清严如熤撰。

苗疆道路考一卷，清严如熤撰。

苗疆风俗考一卷，清严如熤撰。

苗疆师旅考一卷，清严如熤撰。

平苗记一卷，清刘应中撰。

苗防论一卷，清魏源撰。

西南夷改流记一卷，清魏源撰。

边省苗蛮事宜论一卷，清蓝鼎元撰。

改土归流说一卷，清王履阶撰。

第九帙

海道编一卷，清齐召南撰。

海防篇一卷，清蔡方炳撰。

海防总论一卷，清姜宸英撰。

沿海形势录一卷，清陈伦炯撰。

沿海形势论一卷，清华世芳撰。

沿海形势论一卷，清朱逢甲撰。

防海形势考一卷，清华湛恩撰。

江防海防策一卷，清姚文枏撰。

航海图说一卷，清胡凤丹撰。

营口杂记一卷，清诸仁安撰。

营口杂志一卷，清□□撰。

津门杂记一卷，清张焘撰。

黑水洋考一卷，清梁□撰。
瀛壖杂志一卷，清王韬撰。
沪游杂记一卷，清葛元煦撰。
淞南梦影录一卷，清黄协埙撰。
海塘说一卷，清高晋撰。
瓯江逸志一卷，清劳大与撰。
闽游纪略一卷，清王沄撰。
闽小记一卷，清周亮工撰。
闽杂记一卷，清施鸿保撰。
平定台湾述略一卷，清赵翼撰。
台湾纪略一卷，清林谦光撰。
台湾杂记一卷，清季麒光撰。
台湾小志一卷，清龚柴撰。
台湾使槎录一卷，清黄叔璥撰。
台湾随笔一卷，清徐怀祖撰。
裨海纪游一卷，清郁永河撰。
番境补遗一卷，清郁永河撰。
海上纪略一卷，清郁永河撰。
浮海前记一卷，清徐宗幹撰。
渡海后记一卷，清徐宗幹撰。
东征杂记一卷，清蓝鼎元撰。
台游笔记一卷，清□□撰。
平台湾生番论一卷，清蓝鼎元撰。
番社采风图考一卷，清六十七撰。
台湾番社考一卷，清卩其照撰。
埔里社纪略一卷，清姚莹撰。

东西势社番记一卷，清姚莹撰。
台北道里记一卷，清姚莹撰。
噶玛兰纪略一卷，清姚莹撰。
澎湖纪略一卷，清林谦光撰。
亚哥书马岛记一卷，清□□撰。
岭南杂记一卷，清吴震方撰。
粤囊一卷，清檀萃撰。
南来志一卷，清王士禛撰。
北归志一卷，清王士禛撰。
广州游览小志一卷，清王士禛撰。
南越笔记一卷，清李调元撰。
途中记一卷，清程含章撰。
粤游录一卷，清戴燮元撰。
北辕录一卷，清戴燮元撰。
入广记一卷，清王闿运撰。
粤游小志一卷，清张心泰撰。
赤溪杂志一卷，清金武祥撰。
澳门图说一卷，清张甄陶撰。
澳门记一卷，清薛韫撰。
澳门形势篇一卷，清张汝霖撰。
澳门形势论一卷，清张甄陶撰。
潘蕃篇一卷，清张汝霖撰。
制驭澳夷论一卷，清张甄陶撰。
澳门形势论一卷，清李受彤撰。
虎门记一卷，清薛韫撰。
潮州海防记一卷，清蓝鼎元撰。

琼州记一卷，清蓝鼎元撰。

黎岐纪闻一卷，清张庆长撰。

中国海岛考略一卷，清龚柴撰。

中外述游一卷，清田嵩岳撰。

第十帙

东南三国记一卷，清江登云撰。

高丽论略一卷，清朱逢甲撰。

朝鲜考略一卷，清龚柴撰。

征抚朝鲜记一卷，清魏源撰。

朝鲜小记一卷，清李韶九撰。

高丽形势一卷，清吴钟史撰。

朝鲜风土略述一卷，清吴钟史撰。

高丽风俗记一卷，清□□撰。

朝鲜风俗记一卷，清薛培榕撰。

朝鲜八道纪要一卷，清薛培榕撰。

朝鲜风土记一卷，清□□撰。

高丽琐记一卷，清□□撰。

朝鲜舆地说一卷，清薛培榕撰。

朝鲜疆域纪略一卷，清□□撰。

朝鲜会通条例一卷，清薛培榕撰。

东游记一卷，清吴钟史撰。

游高丽王城记一卷，清吴钟史撰。

朝鲜杂述一卷，清许午撰。

东国名胜记一卷，清金敬渊撰。

入高纪程一卷，清□□撰。

巨文岛形势一卷，清□□撰。

朝鲜诸水编一卷，清齐召南撰。

高丽水道考一卷，清□□撰。

越南志一卷，西洋□□撰。

安南小志一卷，清姚文栋撰。

越南考略一卷，清龚柴撰。

越南世系沿革略一卷，清徐延旭撰。

越南疆域考一卷，清魏源撰。

越南地舆图说一卷，清盛庆绂撰。

安南杂记一卷，清李仙根撰。

安南纪游一卷，清潘鼎珪撰。

越南游记一卷，清陈□撰。

征抚安南记一卷，清魏源撰。

征安南纪略一卷，清师范撰。

从征安南记一卷，清□□撰。

越南山川略一卷，清徐延旭撰。

越南道路略一卷，清徐延旭撰。

中外交界各隘卡略一卷，清徐延旭撰。

黑河纪略一卷，清□□撰。

金边国记一卷，清□□撰。

使琉球记一卷，清张学礼撰。

中山纪略一卷，清张学礼撰。

中山传信录一卷，清徐葆光撰。

使琉球记一卷，清李鼎元撰。

中山见闻辨异一卷，清黄景福撰。

琉球实录一卷，清钱□撰。

琉球说略一卷，清姚文栋译

琉球形势略一卷，日本中根淑撰。

琉球朝贡考一卷，清王韬撰。

琉球向归日本辨一卷，清王韬撰。

缅甸志一卷，西洋□□撰。

缅甸考略一卷，清龚柴撰。

征缅甸记一卷，清魏源撰。

缅事述略一卷，清师范撰。

征缅纪略一卷，清王昶撰。

征缅纪闻一卷，清王昶撰。

缅甸琐记一卷，清傅显撰。

入缅路程一卷，清师范撰。

缅藩新纪一卷，清□□撰。

暹罗考一卷，清□□撰。

暹罗志一卷，西洋□□撰。

暹罗考略一卷，清龚柴撰。

暹罗别记一卷，清季麒光撰。

东洋记一卷，清陈伦炯撰。

日本考略一卷，清龚柴撰。

日本疆域险要一卷，清傅云龙撰。

日本沿革一卷，清傅云龙撰。

日本载笔一卷，英国韦廉臣撰。

日本近事记一卷，清陈其元撰。

日本通中国考一卷，清王韬撰。

袖海编一卷，清汪鹏撰。

使东述略一卷，清何如璋撰。

使东杂记一卷，清何如璋撰。

日本杂事一卷，清黄遵宪撰。

东游日记一卷，西洋□□撰。

东游纪盛一卷，清□□撰。

日本琐志一卷，清□□撰。

扶桑游记一卷，清王韬撰。

东游日记一卷，清王之春撰。

东洋琐记一卷，清王之春撰。

日本纪游一卷，清□□撰。

日本杂记一卷，清□□撰。

岂止快录一卷，日本林长孺撰。

禺于日录一卷，日本冈千仞撰。

热海游记一卷，日本冈千仞撰。

使会津记一卷，日本冈千仞撰。

东槎杂著一卷，清姚文栋撰。

东槎闻见录一卷，清陈家麟撰。

游日光山记一卷，清黎庶昌撰。

登富岳记一卷，日本太宰纯撰。

登富士山记一卷，日本泽元恺撰。

鹿门宕岳诸游记一卷，日本释绍岷撰。

游岚峡记一卷，日本源之熙撰。

游石山记一卷，日本释大典撰。

登金华山记一卷，日本泽元恺撰。

游松连高雄二山记一卷，日本安积信撰。

雾岛山记一卷，日本橘南溪撰。

游天王山记一卷，日本市村谦撰。

日本山表说一卷，清傅云龙撰。

泷溪纪游一卷，日本铃木恭撰。

游绵溪记一卷，日本丰后广濑建撰。

游保津川记一卷，日本山田敬直撰。

日本河渠志一卷，清傅云龙撰。

中亚细亚图说略一卷，清蔡锡龄撰。

印度考略一卷，清龚柴撰。

印度志略一卷，英国慕维廉撰。

五印度论一卷，清徐继畬撰。

印度风俗记一卷，日本冈本监辅撰。

印度纪游一卷，西洋坚弥地撰。

探路日记一卷，英国密斯耨撰。

西輶日记一卷，清黄楙材撰。

游历刍言一卷，清黄楙材撰。

印度札记一卷，清黄楙材撰。

咸海纪略一卷，清蔡锡龄撰。

波斯考略一卷，清龚柴撰。

阿剌伯考略一卷，清龚柴撰。

俾路芝考略一卷，清龚柴撰。

阿富汗考略一卷，清龚柴撰。

东土耳其考略一卷，清龚柴撰。

英属地志一卷，英国慕维廉撰。

俄西亚尼嘎洲志略一卷，美国戴德江撰。

阿塞亚尼亚群岛记一卷，日本冈本监辅撰。

东南洋记一卷，清陈伦炯撰。

东南洋针路一卷，清吕调阳撰。

东南洋岛纪略一卷，美国林乐知撰。

吕宋纪略一卷，清黄可垂撰。

南洋记一卷，清陈伦炯撰。

昆仑记一卷，清陈伦炯撰。

南澳气记一卷，清陈伦炯撰。

柔佛略述一卷，清□□撰。

槟榔屿游记一卷，清□□撰。

般鸟纪略一卷，西洋鸭砵撰。

游婆罗洲记一卷，清□□撰。

白蜡游记一卷，清□□撰。

海岛逸志一卷，清王大海撰。

葛剌巴传一卷，清□□撰。

南洋述遇一卷，清□□撰。

南洋事宜论一卷，清蓝鼎元撰。

南洋各岛国论一卷，清吴曾英撰。

三得惟枝岛纪略一卷，美国林乐知撰。

海外群岛记一卷，清□□撰。

新金山记一卷，清□□撰。

澳洲纪游一卷，清□□撰。

他士文尼亚岛考略一卷，清□□撰。

牛西兰岛纪略一卷，清□□撰。

南极新地辨一卷，清金惟贤撰。

第十一帙

海录一卷，清杨炳南撰。

大西洋记一卷，清陈伦炯撰。

西方要纪一卷，西洋南怀仁等撰。

通商诸国记一卷，清朱克敬撰。

英吉利地图说一卷，清姚莹撰。

欧洲总论一卷，清□□撰。

中西关系略论一卷，美国林乐知撰。

乘槎笔记一卷，清斌椿撰。

航海述奇一卷，清张德彝撰。

初使泰西记一卷，清宜垕撰。

使西书略一卷，清孙家谷撰。

使法事略一卷，美国林乐知撰。

使西纪程一卷，清郭嵩焘撰。

英轺日记一卷，清刘锡鸿撰。

随使日记一卷，清张德彝撰。

使英杂记一卷，清张德彝撰。

使法杂记一卷，清张德彝撰。

使还杂记一卷，清张德彝撰。

使德杂记一卷，清李凤苞撰。

出使英法日记一卷，清曾纪泽撰。

欧游随笔一卷，清钱德培撰。

欧游杂录一卷，清徐建寅撰。

西征纪程一卷，清邹代钧撰。

出洋琐记一卷，清蔡钧撰。

出使须知一卷，清蔡钧撰。

瀛海采问纪实一卷，清袁祖志撰。

西俗杂志一卷，清袁祖志撰。

涉洋管见一卷，清袁祖志撰。

出洋须知一卷，清袁祖志撰。

归国日记一卷，清王咏霓撰。

瀛海论一卷，清张自牧撰。

出使英法义比四国日记一卷，清薛福成撰。

蠡测卮言一卷，清张自牧撰。

瀛海卮言一卷，清王之春撰。

西事蠡测一卷，清沈纯撰。

漫游随录一卷，清王韬撰。

游英京记一卷，清□□撰。

游历笔记一卷，清□□撰。

泰西城镇记一卷，美国丁韪良撰。

弹丸小记一卷，清龚柴撰。

土国战事述略一卷，美国艾约瑟撰。

冰洋事迹述略一卷，美国艾约瑟撰。

第十二帙

小西洋记一卷，清陈伦炯撰。

阿利未加洲各国志一卷，西洋□□撰。

亚非理驾诸国记一卷，日本冈本监辅撰。

地兰士华路考一卷，清□□撰。

埃及纪略一卷，英国韦廉臣撰。

埃及国记一卷，日本冈本监辅撰。

新开地中河记一卷，美国丁韪良撰。

阿比西尼亚国述略一卷，美国林乐知撰。

探地记一卷，清王韬撰。

黑蛮风土记一卷，英国立温斯敦撰。

亚美理驾诸国记一卷，日本冈本监辅撰。

墨洲杂记一卷，清□□撰。

美国记一卷，日本冈本监辅撰。

红苗纪略一卷，清蔡锡龄撰。

旧金山纪一卷，美国丁韪良撰。

墨西哥记一卷，日本冈本监辅撰。

古巴杂记一卷，清谭乾初撰。

秘鲁形势录一卷，清□□撰。

使美纪略一卷，清陈兰彬撰。

美会纪略一卷，清李圭撰。

东行日记一卷，清李圭撰。

舟行纪略一卷，清□□撰。

三洲游纪一卷，清□□撰。

小方壶斋舆地丛钞补编十二帙，清王锡祺辑，光绪二十年（1894）清河王氏铅活字印本。

第一帙

黑龙江述略一卷，清徐宗亮撰。

第二帙

新疆疆域总叙一卷，清松筠撰。

后出塞录一卷，清龚之钥撰。

库尔喀喇乌苏沿革考一卷，清李光廷撰。

塔尔巴哈台沿革考一卷，清李光廷撰。

巴马纪略一卷，清王锡祺撰。

帕米尔分界私议一卷，清钱恂撰。

第三帙

渔通问俗一卷，清□□撰。

俄罗斯国志略一卷，清沈敦和撰。

中俄交界续记一卷，清王锡祺撰。

中俄界线简明说一卷，清钱恂撰。

第四帙

游中岳记一卷，清李云麟撰。

游北岳记一卷，清李云麟撰。

西山游记一卷，清黄钧宰撰。

翠微山说一卷，清龚自珍撰。

穿山小识一卷，清邵廷烈撰。

穿山记一卷，清钱濬撰。

天柱刊崖记一卷，清李云麟撰。

游林虑记一卷，清李云麟撰。

游劳山记一卷，清李云麟撰。

昆仑说一卷，清李光廷撰。

三省黄河图说一卷，清刘鹗撰。

第六帙

浙游日记一卷，清张汝南撰。

第七帙

百色志略一卷，清华本松撰。

云南勘界筹边记一卷，清姚文栋撰。

第九帙

闽游偶记一卷，清吴振臣撰。

台湾地舆图说一卷，清夏献纶撰。

第十帙

奉使朝鲜日记一卷，清崇礼撰。

暹罗政要一卷，清郑昌棪撰。

亚剌伯沿革考一卷，清李光廷撰。

俾路芝沿革考一卷，清李光廷撰。

第十一帙

英政概一卷，清刘启彤撰。

英吉利国志略一卷，清沈敦和撰。

英藩政概一卷，清刘启彤撰。

法政概一卷，清刘启彤撰。

法兰西国志略一卷，清沈敦和撰。

德意志国志略一卷，清沈敦和撰。

第十二帙

奈搭勒政要一卷，清郑昌棪撰。

摩洛哥政要一卷，清郑昌棪撰。

喀纳塔政要一卷，清郑昌棪撰。

美国地理兵要一卷，清顾厚焜撰。

古巴节略一卷，清余思诒撰。

中亚美利加五国政要一卷，清郑昌棪撰。

委内瑞辣政要一卷，清郑昌棪撰。

科仑比亚政要一卷，清郑昌棪撰。

巴西地理兵要一卷，清顾厚焜撰。

唵蒯道政要一卷，清郑昌棪撰。

玻利非亚政要一卷，清郑昌棪撰。

巴来蒯政要一卷，清郑昌棪撰。

乌拉乖政要一卷，清郑昌棪撰。

阿根廷政要一卷，清郑昌棪撰。

智利政要一卷，清郑昌棪撰。

海带政要一卷，清郑昌棪撰。

山度明哥政要一卷，清郑昌棪撰。

小方壶斋舆地丛钞再补编十二帙，清王锡祺辑，光绪二十三年（1897）清河王氏铅活字印本。

第一帙

地图说一卷，清庄廷旉撰。

地球推方图说一卷，美国培端撰。

地图经纬说一卷，清傅云龙撰。

地椭图说一卷，清傅云龙撰。

地球寒热各带论一卷，清欧□撰。

亚欧两洲热度论一卷，清欧伯苓撰。

地舆总说一卷，清邹弢撰。

五大洲释一卷，清魏源撰。

大九州说一卷，清薛福成撰。

六大州说一卷，清傅云龙撰。

地球方域考略一卷，清邹弢撰。

奉天地略一卷，清马冠群撰。

牧厂地略一卷，清马冠群撰。

吉林地略一卷，清马冠群撰。

黑龙江地略一卷，清马冠群撰。

顺天地略一卷，清马冠群撰。

直隶地略一卷，清马冠群撰。

江苏地略一卷，清马冠群撰。

安徽地略一卷，清马冠群撰。

江西地略一卷，清马冠群撰。

浙江地略一卷，清马冠群撰。

福建地略一卷，清马冠群撰。

湖北地略一卷，清马冠群撰。

湖南地略一卷，清马冠群撰。

河南地略一卷，清马冠群撰。

山东地略一卷，清马冠群撰。

山西地略一卷，清马冠群撰。

陕西地略一卷，清马冠群撰。

甘肃地略一卷，清马冠群撰。

四川地略一卷，清马冠群撰。

广东地略一卷，清马冠群撰。

广西地略一卷，清马冠群撰。

云南地略一卷，清马冠群撰。

贵州地略一卷，清马冠群撰。

驿站路程一卷，清□□撰。

勘旅顺记一卷，清马建忠撰。

吉林外记一卷，清萨英额撰。

吉林形势一卷，清朱一新撰。

黑龙江外纪一卷，清西清撰。

通肯河一带开民屯议一卷，清冯澂撰。

东省与韩俄交界道里表一卷，清聂士成撰。

防边危言一卷，清郑观应撰。

筹边议一卷，清陈虬撰。

第二帙

蒙古游牧记一卷，清张穆撰。

蒙古地略一卷，清马冠群撰。

察哈尔地略一卷，清马冠群撰。

喀尔喀地略一卷，清马冠群撰。

西套厄鲁特地略一卷，清马冠群撰。

青海地略一卷，清马冠群撰。

经营外蒙古议一卷，清□□撰。

西域南八城纪要一卷，清王文锦撰。

新疆地略一卷，清马冠群撰。

帕米尔属中国考一卷，清□□撰。

坎巨提帕米尔疏片略一卷，清王锡祺撰。

西域帕米尔舆地考一卷，清叶瀚撰。

西域帕米尔舆地考一卷，清许克勤撰。

第三帙

藏俗记一卷，清魏祝亭撰。

西招纪行一卷，清松筠撰。

招西秋阅纪一卷，清松筠撰。

西藏置行省论一卷，清□□撰。

游历西藏纪一卷，英国李提摩太撰。

亚东论略一卷，英国戴乐尔撰。

使俄草一卷，清王之春撰。

俄疆客述一卷，清管斯骏撰。

第四帙

五岳考一卷，清张崇德撰。

恒山迹志一卷，清□□撰。

兔儿山记一卷，清□□撰。

游翠微山记一卷，清尹耕云撰。

游太行山记一卷，清刘心源撰。

西山游记一卷，清洪良品撰。

游浮山记一卷，清□□撰。

涂山纪游一卷，清林之芬撰。

游荆山记一卷，清林之芬撰。

烂柯山记一卷，清□□撰。

游吼山记一卷，清□□撰。

游天台山记一卷，清□□撰。

天台游记一卷，清顾鹤庆撰。

游孤山记一卷，清韩梦周撰。

游大伾山记一卷，清尹耕云撰。

游风穴山记一卷，清尹耕云撰。

昆仑释一卷，清魏源撰。

云山洞纪游一卷，清曹钧撰。

筹运篇一卷，清殷自芳撰。

治河议一卷，清陈虬撰。

郭家池记一卷，清许汝衡撰。

萧湖游览记一卷，清程钟撰。

过蜀峡记一卷，英国艾约瑟撰。

游韬光庵记一卷，清朱殿芬撰。

第六帙

南行日记一卷，清杨庆之撰。

度岭日记一卷，清任栋撰。

西行日记一卷，清丁寿祺撰。

第七帙

猛乌乌得记一卷，清王锡祺撰。

滇缅边界记略一卷，清□□撰。

滇缅分界疏略一卷，清薛福成撰。

西南边防议一卷，清□□撰。

第八帙

荆南苗俗记一卷，清魏祝亭撰。

蜀九种夷记一卷，清魏祝亭撰。

两粤徭俗记一卷，清魏祝亭撰。

粤西种人图说一卷，清□□撰。

第九帙

大洋海大西洋海印度海北冰海南冰海考一卷，清杨毓辉撰。

大洋海大西洋海印度海北冰海南冰海考一卷，清陶师韩撰。

大洋海大西洋海印度海北冰海南冰海考一卷，清胡永吉撰。

防海危言一卷，清郑观应撰。

北洋海防津要表一卷，清傅云龙撰。

台湾近事末议一卷，清王锡祺撰。

粤东市舶论一卷，清萧令裕撰。

第十帙

东行初录一卷续录一卷三录一卷，清马建忠撰。

朝俄交界考一卷，清马建忠撰。

镇南浦开埠记一卷，日本古城贞吉译

游越南记一卷，清□□撰。

安南论一卷，英国李提摩太撰。

游山南记一卷，清徐葆光撰。

缅甸图说一卷，清吴其祯撰。

缅甸论一卷，英国李提摩太撰。

暹罗近事末议一卷，清王锡祺撰。

东倭考一卷，清金安清撰。

日本风俗一卷，清傅云龙撰。

日本风土记一卷，清戴名世撰。

东游日记一卷，清黄庆澄撰。

游盐原记一卷，清黎庶昌撰。

访徐福墓记一卷，清黎庶昌撰。

游扶桑本牧记一卷，清□□撰。

对马岛考一卷，清顾厚焜撰。

南行记一卷，清马建忠撰。

南行日记一卷，清吴广霈撰。

义火可握国记一卷，清□□撰。

北印度以外疆域考一卷，清魏源撰。

吕宋备考一卷，西洋□□撰。

吕宋记略一卷，清叶羌镛撰。

南洋蠡测一卷，清颜斯综撰。

苏禄考一卷，清王锡祺撰。

苏禄记略一卷，清叶羌镛撰。

澳大利亚可自强说一卷，清薛福成撰。

第十一帙

薄海番域录一卷，清邵太纬撰。

欧罗巴各国总叙一卷，葡国玛吉士撰。

华事夷言一卷，清林则徐撰。

英夷说一卷，清何大庚撰。

英国论略一卷，清□□撰。

英吉利记一卷，清萧令裕撰。

英吉利国夷情纪略一卷，清叶钟进撰。

英吉利小记一卷，清魏源撰。

奉使伦敦记一卷，清黎庶昌撰。

卜来敦记一卷，清黎庶昌撰。

白雷登避暑记一卷，清薛福成撰。
巴黎赛会纪略一卷，清黎庶昌撰。
游历意大利闻见录一卷，清洪勋撰。
游历瑞典那威闻见录一卷，清洪勋撰。
游历西班牙闻见录一卷，清洪勋撰。
游历葡萄牙闻见录一卷，清洪勋撰。
游历闻见总略一卷，清洪勋撰。
游历闻见拾遗一卷，清洪勋撰。
博子墩游记一卷，清□□撰。
使西日记一卷，清曾纪泽撰。
伦敦风土记一卷，清张祖翼撰。
西海纪行卷一卷，清潘飞声撰。
天外归槎录一卷，清潘飞声撰。
泰西各国采风记一卷，清宋育仁撰。
海防余论一卷，清颜斯综撰。
天下大势通论一卷，清吴广霈撰。
塞尔维罗马尼蒲加利三国合考一卷，清邹弢撰。
过波兰记一卷，清□□撰。
革雷得志略一卷，清郭家骥撰。

第十二帙

欧洲各国开辟非洲考一卷，英国李提摩太撰。
庚哥国略说一卷，清王锡祺撰。
美理哥国志略一卷，美国高理文撰。
古巴述略一卷，日本村田□撰。
出使美日秘国日记一卷，清崔国因撰。
每月统纪传一卷，清□□撰。

贸易通志一卷，清□□撰。
万国地理全图集一卷，清□□撰。
四洲志一卷，清林则徐译。
外国史略一卷，英国马礼逊撰。
地球说略一卷，美国祎理哲撰。
地理志略一卷，美国戴德江撰。
地理全志一卷，英国慕维廉撰。
三十一国志要一卷，英国李提摩太撰。
万国风俗考略一卷，清邹弢撰。
瀛环志略订误一卷，清□毅撰。

盱眙县

灯余笔录四卷，盱眙赵培元撰，光绪二十九年（1903）铅活字印本。

江都县

续明纪事本末十八卷，清江都倪在田撰，光绪二十九年（1903）铅活字印本。

高邮县

经义述闻三十二卷，清高邮王引之撰，光绪间铅活字印巾箱本。

南通州

质庵集二卷，清南通白作霖撰，光绪二十四年（1898）铅活字印本。

宋四六选二十四卷，清曹振镛编，宣统二年（1910）南通翰墨林铅活字印本。

如皋县

三朝北盟会编二百五十卷补遗一卷，宋徐梦莘撰，附校勘记二卷，清袁祖安撰，光绪四年（1878）如皋袁氏铅活字印本。

民国木活字印书

江宁县

刑事诉讼法四编，潘承锷撰，民国初年江苏法政学堂木活字印本。

广续方言拾遗一卷，江宁程先甲撰，民国初年木活字印本。

程一夔文甲集八卷续编三卷文乙集四卷续编三卷，江宁程先甲撰，民国十二年（1923）木活字印本。

江苏兵事纪略二卷，江宁陈作霖撰，民国九年（1920）江宁龚肇新木活字印本。

江浦县

江浦县张氏宗谱十卷首一卷，民国八年（1919）木活字印本。

江浦张氏宗谱十卷，张嗣道、张嗣钊等修，民国九年（1920）木活字印本。

高淳县

高淳县乡土志一卷，清吴寿宽编，宣统三年（1911）修，民国二年（1913）木活字印本。

望云轩文稿二卷，清高淳吴寿宽撰，民国五年（1916）木活字印本。

丹徒县

京江柳氏续谱六卷，柳甡春、柳预生等续修，民国元年（1912）木活字印本。

润州南朱钱氏族谱十卷，民国二年（1913）木活字印本。

润州高氏三续宗谱四卷，高桂阳、高世坦等重修，民国二年（1913）木活字印本。

京口李氏宗谱二十四册，民国四年（1915）木活字印本。

丹徒陶裔李氏族谱不分卷，民国二年（1913）木活字印本。

三槐王氏宗谱十二卷，王文琏、王宏章等重修，民国四年（1915）木活字印本。

润东顺江洲康氏族谱四卷，康焘、吴有寅等七修，民国六年（1917）木活字印本。

京口草巷茅氏宗谱八卷，茅乃裕、茅乃济等重修，民国六年（1917）木活字印本。

丹徒丰城陈氏支谱二册，民国六年（1917）木活字印本。

镇江丹徒蒋氏族谱四卷，民国七年（1918）木活字印本。

丹徒开沙唐氏家乘十二卷，唐德榜、唐念贻等重修，民国七年（1918）木活字印本。

丹徒胡氏宗谱四卷，民国十年（1921）木活字印本。

梦溪严氏宗谱十卷，严汝纯、严敏中等七修，民国十年（1921）木活字印本。

润州开沙卢氏宗谱十二卷，民国十年（1921）木活字印本。

丹徒徐氏支谱二卷，民国十一年（1922）木活字印本。

延陵吴氏重修族谱八卷，钱籛龄重修，民国十一年（1922）至德堂木活字印本。

开沙李氏宗谱三十卷首一卷末一卷，李荣良、李锡纯等九修，民国十四年（1925）木活字印本。

大港赵氏迁居住驾庄重修族谱十卷，张轸、张治忠等重修，民国十六年（1927）木活字印本。

江口蒋氏宗谱十三卷首一卷末二卷，蒋秋帆、蒋雪崖等四修，民国十六年（1927）木活字印本。

润州开沙贾氏宗谱十二卷，民国十八年（1929）木活字印本。

京江刘氏续谱四卷，刘荣藻、刘长庆等续修，民国十九年（1930）木活字印本。

丹徒王氏宗谱二卷，民国二十三年（1934）木活字印本。

京口王氏宗谱二卷首一卷，王延寿、王廷幹等重修，民国二十四年（1935）木活字印本。

丹阳县

丹阳眭氏族谱四十卷，民国十年（1921）木活字印本。

云阳陈氏汇造宗谱九十四卷，陈树声等重修，民国二十年（1931）木活字印本。

溧阳县

式古编五卷，清庄瑶辑，民国七年（1918）溧阳周尚德堂木活字印本。
课子随笔十卷，清张师载撰，庄瑶校，民国十一年（1922）木活字印本。
溧阳南门彭氏宗谱四十六卷，彭启运等八修，民国十三年（1924）木活字印本。

上海县

上海朱氏族谱八卷，民国十七年（1928）木活字印本。

南汇县

竹冈李氏族谱十卷首一卷末一卷，李植民、李植纯等六修，民国十年（1921）木活字印本。

吴县

吴氏汇修宗谱十二卷，吴门吴仲山纂修，民国初年吴氏至德堂木活字印本。
归震川四书论不分卷，明归有光撰，清邵恒照辑，民国初年苏州毛上珍印书局木活字印本。
朱氏宗谱六十六卷，吴下朱述祖、朱希甫等编，民国四年（1915）木活字印本。
姑苏凤氏宗谱六册，民国七年（1918）木活字印本。
吴氏统谱六卷首二卷末三卷，吴佐璜修，民国五年（1916）吴氏至德堂木活字印本。

江南汪氏合谱二十六卷首一卷，民国七年（1918）木活字印本。

江氏聚珍版丛书（一名文学山房丛书）四集二十九种，江杏溪辑，民国十三年（1924）苏州文学山房木活字印本。

初集

唐才子传十卷，元辛文房撰。

古今伪书考一卷，清姚际恒撰。

历朝印识一卷附补遗国朝印识一卷附续编，清冯承辉撰。

思适斋集十卷，清顾广圻撰。

艺芸书舍宋元本书目，清汪士钟撰。

别下斋书画录，清蒋光煦撰。

墨缘小录一卷，清潘曾莹撰。

持静斋藏书纪要二卷，清莫友芝撰。

二集

南濠居士金石文跋四卷，明都穆撰。

铁函斋书跋四卷，清杨宾撰。

拜经楼藏书题跋记五卷，清吴寿旸撰。

小鸥波馆画识三卷画寄一卷，清潘曾莹撰。

迟鸿轩所见书画录四卷，清杨岘撰。

国朝书画家笔录四卷，清窦镇撰。

三集

程氏考古编十卷，宋程大昌撰。

历代寿考名臣录不分卷，清洪梧等撰。

雕菰楼集二十四卷，清焦循撰。

附蜜梅花馆诗文录二卷，清焦廷琥撰。

知圣道斋读书跋二卷，清彭元瑞撰。

经传释词十卷，清王引之撰。

古书疑义举例七卷，清俞樾撰。

四集

经读考异八卷补一卷，清武亿撰。

句读叙述二卷补一卷，清武亿撰。

四书考异一卷，清翟灏撰。

群经义证八卷，清武亿撰。

读书脞录七卷，清孙志祖撰。

家语证伪十卷，清范家相撰。

声类四卷，清钱大昕撰。

书林扬觯一卷，清方东树撰。

西圃题画诗一卷，清潘遵祁撰。

古今伪书考一卷，清姚际恒撰，民国初年吴门周氏宝华山房木活字印本。

星江单氏宗谱十五卷首一卷，单绍烓纂修，民国十四年（1925）木活字印本。

湘城小志六卷，陶惟坻、施兆麟纂，民国十九年（1930）吴门上艺斋木活字印本。

常熟县

倚云吟草一卷，清方仁渊撰，民国初年木活字印本。

梅册征文汇刻一卷，虞山钱钟瑜编，民国初年木活字印本。

自娱吟草四卷，虞山金廷桂撰，民国初年木活字印本。

水心斋诗抄一卷，郑鸿逵撰，民国初年木活字印本。

昭文邵氏联珠集五卷，清邵震亨辑，民国初年木活字印本。

凝道堂集一卷，清邵齐烈撰。

玉芝堂诗集一卷，清邵齐焘撰。

隐几山房诗集一卷，清邵齐熊撰。

聊存草一卷，清邵齐然撰。

乐陶阁集一卷，清邵齐鳌撰。

郑斋汉学文编六卷，清昭文孙雄撰，民国初年木活字印本。

忧吁集一卷，孙雄撰，民国初年木活字印本。

今雨旧雨诗集二卷，清方仁渊选刊，民国初年木活字印本。

京兆归氏世谱十二卷续补九卷，归兆籛、归曾祁纂修，民国二年（1913）常熟归氏义庄木活字印本。

常熟慈村金氏家谱十四卷，金廷桂、金鹤寿等纂，民国三年（1914）木活字印本。

金氏文苑四卷，金廷桂、金鹤寿辑，民国三年（1914）木活字印本。

虞山郑氏支谱十四卷，郑浩文纂，民国四年（1915）木活字印本。

太原王氏家乘十卷，虞山王庆芝编，民国初年怀义庄木活字印本。

朱氏宗谱二十四卷，朱济英、朱守真纂，民国初年宗德堂木活字印本。

王氏家乘十卷，王炳勋、王廷炜等重编，民国八年（1919）木活字印本。

大究集二卷，明虞山钱龙惕撰，民国八年（1919）木活字印本。

凤凰山钱陆靖存梅氏遗稿三卷，清钱介城撰，缪曾湛校，民国八年（1919）常熟承古堂木活字印本。

沙洲孙氏宗谱十八卷补遗二卷，孙登瀛、孙鼎燮等修，民国十二年（1923）积善堂木活字印本。

西河毛氏宗谱二十卷，毛凤五、薛友仁等重修，民国十九年（1930）木活字印本。

昆山县

愧讷集十二卷，清昆山朱用纯撰，民国十八年（1929）昆山保管祠产委员会木活字印本。

武进县

毗陵殷薛镇李氏宗谱三十卷首一卷末一卷，李庭鸿修，民国元年（1912）木活字印本。

晋陵瞿氏宗谱二十二卷，民国二年（1913）木活字印本。

毗陵前坟荡张氏宗谱三十卷首一卷，民国三年（1914）木活字印本。

毗陵丁堰张氏宗谱十六卷，民国三年（1914）木活字印本。

晋陵社桥分善芳头邹氏宗谱八卷，邹兆金、邹金宜等重修，民国四年（1915）木活字印本。

晋陵高氏世谱八卷首一卷末一卷，高绎成等重修，民国四年（1915）木活字印本。

常州横林陈氏宗谱十六卷首一卷，民国四年（1915）木活字印本。

晋陵昇东刘氏宗谱二十卷，民国四年（1915）木活字印本。

毗陵是氏族谱二十六卷，民国四年（1915）木活字印本。

瑯琊费氏武进支谱八卷首一卷末一卷，费裕昆等修，民国五年（1916）念本堂木活字印本。

武进华渡里管氏族谱十六卷，民国五年（1916）木活字印本。

常州前周篁村陈氏宗谱，陈茂皋、陈福安等重修，民国七年（1918）木活字印本。

毗陵小南门陈氏宗谱十二卷，民国六年（1917）木活字印本。

常州张氏宗谱十卷，民国七年（1918）木活字印本。

毗陵胡氏世牒十卷，民国七年（1918）木活字印本。

张家坝张氏宗谱十卷，张仲康纂修，民国七年（1918）常州书忍堂木活字印本。

毗陵后折张氏宗谱十卷，张希戴等续修，民国八年（1919）木活字印本。

毗陵汤氏家谱八卷首一卷，民国八年（1919）木活字印本。

延陵申浦黄氏族谱十二卷，民国九年（1920）木活字印本。

毗陵谢氏宗谱六十卷首一卷末一卷，民国十年（1921）木活字印本。

毗陵唐氏宗谱九卷首一卷末一卷，唐泰诚、唐缵彬等重修，民国十年（1921）木活字印本。

丁堰张氏族谱十卷首一卷，民国十一年（1922）木活字印本。

得天爵斋遗稿三卷，清钱方琦撰，民国十一年（1922）阳湖钱振锽木活字印本。

名山全集，阳湖钱振锽撰，民国十二年（1923）木活字印本。

名山文集十四卷

名山诗集二卷

名山词一卷

名山续集九卷
语类二卷
名山小言十卷
名山丛书七卷
名山诗论一卷
辛亥道情一卷
名山联语一卷
祥桂堂诗草四卷，刘秉衡撰。
名山三集二十一卷
名山四集□卷
名山五集十卷
名山六集十一卷
名山七集九卷
钱氏家语一卷
谪星笔谈三卷
良心书二卷
课徒草六卷
名山文约十五卷续编十卷
晚村集偶证一卷
名山诗话一卷
名山文改一卷
谪星楼文五卷
谪星说诗一卷
谪星词一卷
附江阴节义略一卷，明张佳胤撰。
梅泉诗选一卷，朝鲜黄玄撰。

卫衷剩稿一卷，清芮长恤撰。

肯哉文钞一卷，清吴堂撰。

栖香阁藏稿一卷，清李惇撰。

武进河墩谈氏宗谱十二卷，谈乾懋、谈茂林等续修，民国十二年（1923）木活字印本。

毗陵墅村蒋氏宗谱十二卷，民国十三年（1924）木活字印本。

常州石莲圩张氏宗谱八卷，张逢吉、张义吉等重修，民国十五年（1926）木活字印本。

韩区赵氏宗谱十二卷首一卷，赵多荣、赵金虎等重修，民国十五年（1926）木活字印本。

武进青山门赵氏支谱六卷首一卷，赵堉、赵坦等六修，民国十七年（1928）木活字印本。

常州观庄赵氏支谱二十一卷，赵氏纂，民国十七年（1928）木活字印本。

毗陵孟氏六修宗谱十六卷，孟昭平等六修，民国十七年（1928）木活字印本。

毗陵伍氏宗谱二十卷首一卷，伍世璜、伍效焜等重修，民国十八年（1929）木活字印本。

吕晚村先生文集八卷，清吕留良撰，民国十八年（1929）阳湖钱氏木活字印本。

诸氏宗谱二十七卷，诸寿铭修，民国十八年（1929）敦睦堂木活字印本。

锡山过氏浒塘派迁常支谱十卷首一卷，民国十九年（1930）木活字印本。

毗陵沈氏宗谱五卷，沈尧弼、沈保宜等续修，民国十九年（1930）木活字印本。

毗陵袁氏宗谱六卷，民国十九年（1930）木活字印本。

武进下浦陆氏支谱十六卷首一卷附艺文志九卷，民国二十一年（1932）木活字印本。

毗陵辋川里李氏宗谱三十八卷首一卷末一卷，民国二十二年（1933）木活字印本。

毗陵薛墅吴氏族谱二十三卷，民国二十二年（1933）木活字印本。

毗陵前汶里顾氏宗谱十二卷，顾金书、顾士明等重修，民国二十二年（1933）木活字印本。

毗陵陈氏宗谱八卷，陈顺麟等修，民国二十四年（1935）星聚堂木活字印本。

毗陵周氏宗谱八卷，周炳章、周全法等重修，民国二十四年（1935）木活字印本。

毗陵高山志五卷续一卷，明顾世登、顾伯平同辑，恽应翼重辑，民国二十五年（1936）吴镛木活字印本。

青阳文集五卷，阳湖吴镛撰，民国二十五年（1936）木活字印本。

丙子存稿四卷，阳湖钱振锽撰，民国二十五年（1936）木活字印本。

藕湖词一卷，清阳湖蒋学沂撰，民国二十五年（1936）木活字印本。

吕城坝口陈氏宗谱十卷首一卷末一卷，民国三十二年（1943）笃庆堂木活字印本。

无锡县

咽喉脉症通论一卷，清许梿校正，民国初年无锡文苑阁木活字印本。

王氏医案四卷，无锡王旭高撰，方仁渊参订，民国初年无锡文苑阁木活字印本。

高忠宪公年谱二卷（谱主高攀龙），子高世宁编，民国元年（1912）木活字印本。

梁溪文钞四十卷续钞六卷，清无锡周有壬辑，侯学愈重订，民国三年（1914）无锡游艺斋木活字印本。

西神丛语一卷，清黄蛟起撰，民国三年（1914）无锡文苑阁木活字印本。

今雨旧雨诗集二卷附倚云吟草一卷，方仁渊辑，民国三年（1914）木活字印本。

锡山徐氏宗谱一卷，徐祖晖纂修，民国初年木活字印本。

锡山冯氏宗谱二十四卷，民国三年（1914）木活字印本。

梦痕录要一卷，无锡高鑅泉撰，民国三年（1914）木活字印本。

锡山高氏余芬集二卷，高鑅泉辑，民国四年（1915）木活字印本。

栖香阁词二卷，无锡顾文婉撰，民国四年（1915）木活字印本。

无锡开化乡志三卷，清王抱承纂，民国萧焕良续纂，民国五年（1916）无锡侯学愈木活字印本。

寒香馆遗稿十卷，明无锡辛升撰，民国五年（1916）无锡辛氏木活字印本。

永宁山扈从纪程一卷，清无锡孙鼎烈撰，民国初年木活字印本。

勇庐闲诘一卷，清赵之谦撰，民国六年（1917）无锡图书馆木活字印本。

蓉门倪氏诗集八卷，诸祖德辑，杨寿枃校，民国六年（1917）木活字印本。

秋水集十卷，清严绳孙撰，民国六年（1917）无锡图书馆木活字印本。

楚氏续修宗谱六卷，无锡楚宝莹重修，民国六年（1917）惇裕堂木活字印本。

梅巷赵氏宗谱十七卷（卷六分上下卷），民国六年（1917）木活字印本。

吴氏统谱六卷，吴方之、吴叔渭等重修，民国六年（1917）木活字印本。

无锡鸿山杨氏宗谱十二卷首一卷，民国六年（1917）木活字印本。

清秘阁志十二卷，清杨殿奎纂，民国六年（1917）无锡倪城木活字印本。

清秘阁诗集六卷附集三卷，元倪瓒撰，民国六年（1917）无锡倪城木活字印本。

纪县城失守克复本末四卷，清施建烈撰，民国七年（1918）无锡图书馆木活字印本。

颂庵诗稿一卷，清无锡高翃撰，民国七年（1918）木活字印本。

师竹庐随笔二卷，无锡窦镇撰，民国八年（1919）文苑阁木活字印本。

小绿天庵文稿二卷楹联一卷诗草四卷词草一卷，无锡窦镇撰，民国八年（1919）文苑阁木活字印本。

梁溪沈氏宗谱三十四卷首一卷，民国八年（1919）木活字印本。

锡山周氏光霁祠大统宗谱七十四卷，周廷弼、周士育等续修，民国八年（1919）木活字印本。

锡山韩氏宗谱二十卷，民国九年（1920）木活字印本。

锡山龚氏遗诗二种，龚谷成辑，民国九年（1920）文苑阁木活字印本。

南楼诗草一卷，清龚惺撰。

留云阁诗词草二卷，清龚鈐撰。

冷红馆全集八卷，清秦臻撰，民国九年（1920）秦宝瓒游艺斋木活字印本。

师竹庐联话十二卷，无锡窦镇撰，民国十年（1921）文苑阁木活字印本。

无锡邹祁刘氏宗谱三十卷，民国十年（1921）木活字印本。

无锡陡门秦氏宗谱十卷首一卷，民国十年（1921）木活字印本。

无锡梁溪任氏宗谱二十卷，民国十年（1921）木活字印本。

圻里叶氏宗谱十二卷，叶春潮、叶浩林等纂修，民国十一年（1922）叶氏点易堂木活字印本。

锡山张氏宗谱三十二册，民国十一年（1922）木活字印本。

无锡观前陆氏世谱三卷首一卷，民国十一年（1922）木活字印本。

无锡钱氏宗谱备要四册，钱宗濂修，民国十一年（1922）木活字印本。

民国江南水利志十卷首一卷末一卷，江南水利局沈佺等编，民国十一年（1922）木活字印本。

锡山蒋氏宗谱二十六卷首一卷，蒋士松等续修，民国十二年（1923）木活字印本。

锡山陈氏宗谱二十卷，民国十二年（1923）木活字印本。

锡山平氏宗谱十四卷，民国十七年（1928）木活字印本。

秦氏三府君集五卷，无锡秦毓钧辑，民国十八年（1929）秦氏味经楼木活字印本。

新安月潭朱氏族谱二十二卷首一卷，民国二十年（1931）木活字印本。

陶氏宗谱十二卷首一卷附录一卷，陶世凤重修，民国二十一年（1932）木活字印本。

胶南张氏宗谱二十四卷，无锡张益寿、张士亮等纂修，民国二十四年（1935）资敬堂木活字印本。

叙文汇编七十二卷，无锡朱烈编，民国二十五年（1936）无锡荣氏大公图书馆木活字印本。

义门传家集十四卷，张德宝修纂，民国三十五年（1946）木活字印本。

宜兴县

任氏宗谱十六卷，清任藻仁等六修，民国五年（1916）木活字印本。

宜兴胥井武进前街董氏合修家乘二十卷首一卷末一卷，民国十六年（1927）木活字印本。

北渠吴氏族谱八卷首一卷，吴一清、吴祖泽等增修，民国十九年（1930）木活字印本。

江阴县

青旸季氏支谱十五卷首一卷，季保庆修，民国初年木活字印本。

适园自娱草二卷，清江阴陈式金撰，民国初年木活字印本。

易画轩题赠诗文汇编三卷，清江阴陈式金辑，民国初年木活字印本。

江阴葛氏宗谱三十卷首一卷，民国三年（1914）木活字印本。

峒岐谢氏宗谱二十六卷首一卷，谢鼎镕等续修，民国四年（1915）木活字印本。

暨阳次峰俞氏宗谱一卷，俞赓等续修，民国六年（1917）木活字印本。

青旸季氏支谱十五卷首一卷，季幼海、季念诏等重修，民国七年（1918）木活字印本。

青旸蒋氏支谱六卷，民国八年（1919）木活字印本。

江阴西郭陈氏宗谱二十四卷首一卷，陈毓瑞重修，民国十二年（1923）木活字印本。

杨库朱氏宗谱二十四卷，朱叙全、沈清耀等纂修，民国十三年（1924）宗德堂木活字印本。

习礼夏氏宗谱五十卷首一卷，夏子麟、夏鼎鼒等续修，民国十三年（1924）木活字印本。

暨阳李氏宗谱四卷，李文昭、李毓东等重修，民国十六年（1927）木活字印本。

江阴青旸洪氏宗谱四卷，民国十六年（1927）木活字印本。

黄田章氏问房初修支谱六册，民国十八年（1929）木活字印本。

江阴蒋氏支谱六卷，民国十九年（1930）木活字印本。

江阴北门五堡钱氏宗谱八卷首一卷，民国二十年（1931）木活字印本。

桑梓见闻八卷，清江阴赵曦明撰，民国二十二年（1933）陶社木活字印本。

江阴先哲遗书，江阴谢鼎镕辑，民国二十三年（1934）江阴陶社木活字印本。

读史诤言四卷，清章诒燕撰。

未庵初集四卷，清曹禾撰。

奇姓通十四卷，明夏树芳撰。

二介诗钞八卷，明黄毓祺、清李寄撰。

东林同难录二卷，清缪敬持辑，民国二十三年（1934）江明陶社木活字印本。

谢孝子侍疾图题词二卷附录一卷，谢鼎镕辑，民国二十四年（1935）木活字印本。

裕后格言二卷首一卷，清祝邦基撰，民国二十四年（1935）陶社木活字印本。

暨阳高氏宗谱十卷首一卷末一卷，高藩、高惠文续修，民国二十四年（1935）木活字印本。

澄江横村吴氏宗谱十卷，吴顺根、吴秉灿纂修，民国二十四年（1935）至德堂木活字印本。

江阴太宁邢氏支谱二十四卷首一卷，民国二十五年（1936）木活字印本。

江上诗钞一百七十五卷，江阴顾季慈辑，民国二十五年

（1936）江阴陶社木活字印本。

靖江县

骥江江氏重修宗谱八卷，江以诚、江以峰等重修，民国五年（1916）靖江江氏木活字印本。

如皋吴氏家乘三十卷首一卷，吴江、吴杓等重修，民国十四年（1925）木活字印本。

泰兴县

延陵吴氏家乘三十卷首一卷，吴江等续修，民国十四年（1925）木活字印本。

盐城县

盐城杨氏宗谱二十四卷首一卷末一卷，杨楫、杨榆庵等重修，民国十二年（1923）木活字印本。

江都县

江都王氏族谱六卷，民国七年（1918）木活字印本。

铜山县

铜山江氏宗谱十六卷首一卷，民国七年（1918）木活字印本。

民国铅活字印本（线装本）

江宁县

江苏兵事纪略二卷，江宁陈作霖撰，民国初年铅活字印本。

江南图书馆善本书目初编，佚名编，民国初年铅活字印本。

南京图书局书目二编二卷，佚名编，民国初年铅活字印本。

南京图书局阅览室检查书目二编不分卷附书画目一卷，佚名编，民国初年铅活字印本。

江苏省实业行政报告书，江苏实业司编，民国二年（1913）铅活字印本。

江苏省单行法规汇编不分卷（十册），省法规编纂委员会编，民国初年铅活字印本。

南京市立图书馆图书目录四卷，本馆编，民国初年铅活字印本。

南京图书馆书画目录一卷，本馆编，民国初年铅活字印本。

笔花医镜四卷，清江涵暾撰，民国初年金陵铅活字印本。

沈氏尊生书七十三卷，清沈金鳌撰，民国三年（1914）状元境渊海书局铅活字印本。

金陵丛书四百九十卷，翁长森、蒋国榜辑，民国五年（1916）蒋氏慎修书屋铅活字印本。

甲集

晚书订疑三卷，清程廷祚撰。

春秋识小录九卷，清程廷祚撰。

补后汉书艺文志十卷，清顾櫰三撰。

老子翼八卷，明焦竑撰。

庄子翼十卷，明焦竑撰。

顾华玉集四十卷，明顾璘撰。

乙集

论语说四卷，清程廷祚撰。

春秋本义十二卷，清吴楫撰。

补五代史艺文志一卷，清顾櫰三撰。

真诰二十卷，梁陶弘景撰。

焦氏笔乘六卷续集八卷，明焦竑撰。

陶贞白集一卷附录一卷，梁陶弘景撰，校勘记一卷，清汪振之撰。

澹园集四十九卷续集二十七卷，明焦竑撰。

青溪集十二卷，清程廷祚撰。

丙集

左传博议拾遗二卷，清朱元英撰。

读书杂释十四卷，清徐鼒撰。

赤山湖志六卷，清尚兆山撰。

台游日记四卷，清蒋师辙撰。

补辑风俗通义佚文一卷，汉应劭撰，清顾櫰三辑。

天方典礼择要解二十卷后编一卷，清刘智撰。

金子有集一卷，明金大车撰。

金子坤集一卷，明金大舆撰。

石臼前集九卷后集七卷，清邢昉撰。

曹集考异十二卷，清朱绪曾撰。

昌国典咏十卷，清朱绪曾撰。

梅村剩稿二卷，清汪士铎撰。

心灯录六卷，清湛愚老人撰。

嬾真草堂集二十卷（原缺卷十一至十七），明顾起元撰。

何太仆集十卷，明何栋如撰。

顾与治诗集八卷，明顾梦游撰。

丁集

定山集十卷，明庄昶撰。

说略三十卷，明顾起元撰。

雪村编年诗剩十二卷，清戴瀚撰。

白蕃集四卷，清戴翼子撰。

醇雅堂诗略六卷，清阮镛撰。

然松阁赋钞一卷诗钞三卷存稿三卷，清顾檈三撰。

蚁余偶笔一卷附笔一卷，清刘因之撰。

谰言琐记一卷，清刘因之撰。

静虚堂吹生草四卷，清王章撰。

柳门遗稿一卷，清杨后撰。

荻华堂诗存一卷，清蔡琳撰。

子尚诗存一卷，清车书撰。

薄游草一卷补遗一卷，清侯云松撰。

西农遗稿一卷，清姚必成撰。

且巢诗存五卷，清周葆濂撰。
妙香斋集四卷补遗一卷，清杨长年撰。
柏岩乙稿十五卷丙稿一卷，清凌煜撰。
在莒集一卷，清朱桂模撰。
括囊诗草二卷词草一卷，清尚兆山撰。
罗氏一家集五卷，清罗笏、罗震亨、罗晋亨、罗鼎亨撰。
顾伯虬遗诗二卷，清顾我愚撰。
陔余杂著一卷，清陆春官撰。
德风亭初集十三卷，清王贞仪撰。
平叔诗存二卷，清蒋国平撰。

寿藻堂杂存二卷，江宁陈作霖撰，民国五年（1916）铅活字印本。
古余事略一卷，李遂贤撰，民国五年（1916）铅活字印本。
菜花剩语四卷，江宁黄裕撰，民国五年（1916）铅活字印本。
其余集四卷，江宁黄文涛撰，民国五年（1916）铅活字印本。
秋蟪吟馆诗钞七卷，上元金和撰，民国五年（1916）铅活字印本。
唐方镇年表考证二卷，江宁吴廷燮撰，民国七年（1918）铅活字印本。
北宋经抚年表二卷，江宁吴廷燮撰，民国七年（1918）铅活字印本。
南宋制抚年表二卷，江宁吴廷燮撰，民国七年（1918）铅活字印本。
明督抚年表五卷，江宁吴廷燮撰，吴国七年（1918）铅活字印本。

宣德别录十卷，江宁吴廷燮撰，民国七年（1918）铅活字印本。

江苏省立第一图书馆覆校善本书目四卷，本馆编，民国七年（1918）铅活字印本。

小罗浮社唱和诗存四卷白门消寒分会诗一卷，民国七年（1918）铅活字印本。

揖竹词馆吟草四卷词草一卷，江宁黄文瀚撰，民国八年（1919）铅活字印本。

酒痴吟草一卷，江宁黄文珪撰，民国八年（1919）铅活字印本。

汉书艺文志讲疏不分卷，顾实撰，民国十一年（1922）南京大学铅活字印本。

国立东南大学孟芳图书馆图书目录不分卷，洪有丰编，民国十三年（1924）铅活字印本。

词学通诠一卷，吴梅撰，民国十四年东南大学铅活字印本。

兰言四种四卷，江宁杨鹿鸣撰，民国十四年（1925）铅活字印本。

湖上题襟集一卷，江宁汪鉽等撰，民国十四年（1925）铅活字印本。

骨董琐记八卷，江宁邓之诚撰，民国十五年（1926）铅活字印本。

金陵胜迹志十卷，胡祥翰撰，民国十五年（1926）铅活字印本。

玄牍记一卷，明盛时泰撰，民国十五年（1926）盋山精舍铅活字印本。

咏怀堂诗四卷外集二卷丙子戊寅诗二卷辛巳诗二卷，明阮大铖撰，民国十七年（1928）中央大学图书馆铅活字印本。

总理奉安实录，孙中山先生葬事委员会编，民国十八年（1929）铅活字印本。

国立中央大学图书馆小史一卷，校图书馆编，民国十八年（1929）铅活字印本。

古今医鉴十六卷，明龚信撰，王肯堂补。民国十九年（1930）南京国粹书店铅活字印本。

凤台山馆骈体文存一卷续存一卷，江宁潘宗鼎撰，民国十九年（1930）铅活字印本。

褎碧斋集八卷，武陵陈锐撰，民国十九年（1930）金陵铅活字印本。

书目答问补证五卷附二卷，范希曾撰，民国二十年（1931）国学图书馆铅活字印本。

天一阁藏书考，陈登原撰，民国二十一年（1932）金陵大学铅活字印本。

古今伪书考补正，清姚际恒撰，黄云眉补，民国二十一年（1932）金陵大学铅活字印本。

词源疏证，宋张炎著，蔡桢疏证，民国二十一年（1932）金陵大学铅活字印本。

邵二云先生年谱，黄云眉编，民国二十二年（1933）金陵大学铅活字印本。

骨董续记四卷，邓之诚撰，民国二十二年（1933）铅活字印本。

中国蚕业史，尹良莹撰，民国二十二年（1933）中央大学蚕桑学会铅活字印本。

关税文牍辑要，陈海超编，民国二十二年（1933）南京京华印书馆铅活字印本。

颜习斋哲学思想，陈登原撰，民国二十三年（1934）金陵大学铅活字印本。

一瀓研斋笔记八卷，东培山民撰，民国二十三年（1934）铅活字印本。

癸酉九日扫叶楼登高诗集一卷，曹经沅辑，民国二十三年（1934）南京铅活字印本。

江苏第一图书馆覆校善本书目不分卷，胡宗武编，民国二十四年（1935）铅活字印本。

剑青室诗存二卷随笔一卷，王藩撰，民国二十四年（1935）铅活字印本。

江苏省立国学图书馆图书总目四十四卷，柳诒徵编，民国二十四年（1935）铅活字印本。

江苏省立国学图书馆总目补编十二卷，王德镳等编，民国二十五年（1936）铅活字印本。

石涛上人年谱不分卷，傅抱石编，民国二十九年（1940）铅活字印本。

中国农书目录汇编，毛雝撰，民国三十一年（1942）铅活字印本。

江浦县

江浦埤乘四十卷首一卷，清侯宗海、夏锡宝修纂，民国三十二年（1943）铅活字印本。

六合县

亦园五十唱和集一卷，六合张宜倬编，民国十五年（1926）铅活字印本。

丹徒县

水利刍议一卷，丹徒茅谦撰，民国初年铅活字印本。

中国医学史十二卷，丹徒陈邦贤撰，民国初年铅活字印本。

七昙果传奇一卷霜天碧传奇一卷，清丁传靖撰，民国十三年（1924）铅活字印本。

赵伯先先生传一卷，柳诒徵撰，民国二十年（1931）铅活字印本。

焦山书藏目录六卷，金鉽编，民国二十三年（1934）铅活字印本。

丹阳县

练湖志十卷附欢叙录十八卷，黎世序纂，民国六年（1917）铅活字印本。

清皇室四谱四卷，丹阳唐邦治撰，民国十二年（1923）铅活字印本。

金坛县

醉六斋诗集六卷，金坛于渐逵撰，民国初年铅活字印本。

重修金坛县志十二卷首一卷，冯煦等纂修，民国十五年（1926）铅活字印本。

上海县（建市以前）

满夷猾夏始末记十编，甦民编，民国元年（1912）中华图书局铅活字印本

第一编　满族原始记

第二编　关外猖獗记

第三编　窃据狠毒记

第四编　文字惨狱记

第五编　祸乱相寻记

第六编　纰政蕴孽记

第七编　革命先声记

第八编　灭亡迅速记

外编一　通论（构造共和）

外编二　秘史（宫闱丑态）

满清稗史十八种，陆保璿编，民国元年（1912）广益书局铅活字印本。

满清兴亡史四卷，汉史氏撰。

满清外史二卷，天嘏撰。

贪官污吏传一卷，老吏撰。

奴才小史，老吏撰。

中国革命日记一卷，佚名撰。

各省独立史别裁一卷，曹荣撰。

清末实录一卷，佚名撰。

戊壬录二卷，宋玉卿撰。

南北春秋二卷，天嘏撰。

当代名人事略二卷，佚名撰。

黄花冈十杰记实一卷，天啸生撰。

三江笔记二卷，三江游客撰。

湘汉百事二卷，金城撰。

所闻录一卷，苏民撰。

新燕语二卷，雷震撰。

变异录一卷，天嘏撰。

暗杀史一卷，一厂撰。

清华集二卷，汪诗侬撰。

古学汇刊六十一种，邓实等辑，民国元年（1912）国粹学报社铅活字印本。

第一集

经学类

蜀石经校记一卷，缪荃孙撰。

毛诗九谷释义一卷，清陈奂撰。

国史儒林传二卷，缪荃孙撰。

史学类

三垣笔记三卷补遗三卷，明李清撰。

太宗皇帝实录残八卷（存卷二十六至三十、卷七十六、卷七十九至八十），宋钱若水等撰。

西辽立国本末考一卷疆域考一卷都城考一卷，清丁谦撰。

舆地类

岛夷志略广证二卷，沈曾植撰。

仁恕堂笔记一卷，清黎士弘撰。

掌故类

永宪录一卷，清萧奭龄撰。

元婚礼贡举考一卷，元□□撰。

目录类

士礼居藏书题跋再续记二卷，清黄丕烈撰，缪荃孙辑。

清学部图书馆善本书目五卷，缪荃孙撰。

敦煌石室经卷中未入藏经论著述目录一卷疑伪外道目录一卷，清李翊灼撰。

金石类

云台金石记一卷，清□□撰。

翠墨园语一卷，清王懿荣辑

阳羡摩厓纪录一卷，清吴骞等撰。

附荆南游草一卷，清吴骞撰。

涪州石鱼文字所见录二卷，清姚觐元、钱保塘撰。

上谷访碑记一卷，清邓嘉缉撰。

杂记类

陆丽京雪罪云游记一卷，清陆莘行撰。

记桐城方戴两家书案一卷，清□□撰。

金粟逸人逸事一卷，清朱琰撰。

越缦堂日记钞二卷，清李慈铭撰。

蓬山密记一卷，清高士奇撰。

牧斋遗事一卷，清□□撰。

吴兔床日记一卷，清吴骞撰。

何蝯叟日记一卷，清何绍基撰。

郑鄤事迹五卷，清汤狷石辑。

羽琌山民逸事一卷，清魏季子、缪荃孙撰。

云自在龛笔记六卷，缪荃孙撰。

诗文类

二顾先生遗诗二卷，清顾杲、顾缃撰。

万年少遗诗一卷，清万寿祺撰。

今乐府二卷，清吴炎撰，清潘柽章评。

今乐府一卷，清潘柽章撰，清吴炎评。

章实斋文钞四卷，清章学诚撰。

第二集

经学类

陈东塾先生读诗日录一卷，清陈澧撰。

经典文字考异三卷，清钱大昕撰。

史学类

海外恸哭记一卷，清黄宗羲撰。

申范一卷，清陈澧撰。

岁贡士寿臧府君（徐同柏）年谱一卷，清徐士燕撰。

舆地类

桂胜四卷，明张鸣凤撰。

长溪琐语一卷，明谢肇淛撰。

目录类

潜采堂宋金元人集目一卷，清朱彝尊撰。

静惕堂藏宋元人集目一卷，清曹溶撰。

庚子销夏记校文一卷，清何焯撰，附校勘记一卷，清魏锡曾撰。

清学部图书馆方志目一卷，缪荃孙撰。

金石类

金石余论一卷，清李遇孙撰。

宝素室金石书画编年录二卷，清释达受撰。

金石学录四卷，清李遇孙撰。

泰山石刻记一卷，清孙星衍撰。

杂记类

纤言三卷，清陆圻撰。

元郭天锡手书日记真迹四卷附录一卷，元郭畀撰。

玉几山房听雨录二卷，清陈撰撰。

巾箱说一卷，清金埴撰。

纪善录一卷，明杜琼撰。

云自在龛笔记一卷，缪荃孙撰。

诗文类

明何元朗徐阳初曲论一卷，明何良俊、徐复祚撰。

灵谷纪游稿一卷，邓实辑。

竹垞老人晚年手牍一卷，清朱彝尊撰。

亭林先生集外诗一卷，清顾炎武撰，附亭林诗集校文一卷，清荀羕（孙诒让）撰。

枣林诗集三卷，明谈迁撰。

吾炙集小传一卷，邓实撰。

南洋中学藏书目一卷，王培孙编，民国初年铅活字印本。

兰闺清课一卷，胡寄尘编，民国元年（1912）上海太平洋一鸥铅活字印本。

吴日千先生集二卷，明华亭吴骐撰，民国元年（1912）上海国光印刷所铅活字印本。

无尽庵遗集九卷附录一卷，清山阴周实撰，民国元年（1912）上海国光印刷所铅活字印本。

清宫词一卷，清九钟主人撰，民国元年（1912）国学扶轮社铅活字印本。

建筑上海造币厂造法说明，佚名编，民国初年铅活字印本。

王遵岩集十卷，明王慎中撰，张汝瑚选。民国二年（1913）上海振寰书局铅活字印本。

观复草庐剩稿六卷，清潘柽章撰，民国二年（1913）神州国光社铅活字本。

古今文艺丛书五集八十种，何藻辑，民国二年（1913）至四年（1915）上海广益书局铅活字印本。

第一集

词旨一卷，元陆行直撰。

艺圃撷余一卷，明王世懋撰。

南诏野史四卷，清倪辂集

绘事发微一卷，清唐岱撰。

冬心斋研铭一卷，清金农撰。

板桥题画一卷，清郑燮撰。

苏门游记一卷，樊增祥撰。

艺能编一卷，清钱泳辑

梅溪笔记一卷，清钱泳撰。

论文连珠一卷，清唐才常撰。

湘烟阁诗钟一卷，清王以慜辑，清李盛基选。

三唐诗品三卷，宋育仁撰。

樊园五日战诗记一卷，樊增祥撰。

小说考证一卷，蒋瑞藻撰。

论岭南词绝句一卷，潘飞声撰。

神州异产志一卷，胡怀琛撰。后志一卷，蒋瑞藻撰。

慧观室迷话一卷，周效璘撰。

绳斋印稿一卷，清陈继德撰。

第二集

乐府释一卷，清苏衡辑。

香草笺一卷，清黄任撰。

吟梅阁集唐二卷，清任钰麟撰。

王梦楼绝句二卷，清王文治撰。

笔史一卷，清梁同书撰。

黔苗竹枝词一卷，清毛贵铭撰。

勉锄山馆存稿一卷，清秦树铦撰。

樊园战诗续记一卷，樊增祥辑。

吴社诗钟一卷，易顺鼎辑。

絜园诗钟一卷，蔡乃煌辑。

清朝论诗绝句一卷，蒋士超撰。

小说闲话一卷，张行撰。

笔志一卷，胡韫玉（朴安）撰。

第三集

种菊法一卷，明陈继儒撰。

操觚十六观一卷，清陈鉴撰。

艺菊书一卷，明黄省曾撰。

画品一卷，清黄钺撰。

书品一卷，清杨景曾撰。

勇庐闲诘一卷，清赵之谦撰。

鹊华行馆诗钟一卷，清赵国华辑。

百衲琴二卷，清秦云、秦敏树撰。

西海纪行卷一卷，潘飞声撰。

天外归槎录一卷，潘飞声撰。

酒史一卷，□胡光岱撰。

絜园诗钟续录一卷，蔡乃煌辑。

姚黄集辑一卷，秦更年辑。

颐和园词一卷，王国维撰。

在山泉诗话二卷，潘飞声撰。

丁叔雅遗集一卷，清丁惠康撰。

海天诗话一卷，胡怀琛撰。

灯谜源流考一卷，清窃名撰。

第四集

江隣几杂志一卷，宋江休复撰。

云鹤先生遗诗一卷，明刘元凯撰。

五岳游记一卷，明王士性撰。

拙存堂碑帖题跋一卷，清蒋衡撰。

九宫新式一卷，清蒋骥撰。

学书杂论一卷，清蒋和撰。

学画杂论一卷，清蒋和撰。

秉兰录一卷，清安箕撰。

南田画跋一卷，清恽格撰。

词品一卷，清郭麐撰。

在山泉诗话一卷（卷三），潘飞声撰。

散原精舍集外诗一卷，陈三立撰。

朴学斋夜谭一卷，胡怀琛撰。

文则一卷，胡怀琛撰。

续杜工部诗话二卷，蒋瑞藻撰。

澹庐读画诗一卷，徐鋆撰。

第五集

兰亭集一卷，晋王羲之等撰。

随隐漫录五卷，宋陈世崇撰。

桂隐百课一卷，宋张镃撰。

四并集一卷，宋张镃撰。

玉照堂梅品一卷，宋张镃撰。

墨史三卷，元陆友撰。

梅谱一卷，宋范成大撰。

菊谱一卷，宋史正志撰。

韵石斋笔谈二卷，清姜绍书撰。

闲者轩帖考一卷，清孙承泽撰。

冬心先生画记五种，清金农撰。

冬心先生自写真题记一卷

冬心画马题记一卷

冬心先生画佛题记一卷

冬心画梅题记一卷

冬心画竹题记一卷

读书纪闻一卷，清蒋骥撰。

续书法论一卷，清蒋骥撰。

越缦堂笔记一卷，清李慈铭撰。

在山泉诗话一卷（卷四），潘飞声撰。

共和国教科书新国文六卷，商务印书馆编，民国二年（1913）铅活字印本。

共和国教科书新历史六卷，商务印书馆编，民国二年（1913）铅活字印本。

共和国教科书新修身六卷，商务印书馆编，民国二年（1913）铅活字印本。

频伽精舍校刊大藏经八千四百十六卷，释宗仰等编，民国二年（1913）上海频伽精舍铅活字印本。

文学研究法四卷，桐城姚永朴撰，民国三年（1914）商务印书馆铅活字印本。

清史讲义四卷，汪荣宝、许国英同编，民国三年（1914）商务印书馆铅活字印本。

本草经解四卷，清叶桂撰，民国五年（1916）上海卫生书室铅活字印本。

方壶外史丛编八卷，明陆西星撰，民国四年（1915）上海铅活字印本。

左传精华录二十四卷，吴曾祺评注，民国四年（1915）商务印书馆铅活字印本。

江浙皖三省丝厂茧行同业录，丝厂茧行业总公司编，民国四年（1915）上海铅活字印本。

南吴旧话录二十四卷，清李延昰撰，民国四年（1915）铅活字印本。

观古堂藏书目四卷，叶德辉编，民国五年（1916）铅活字印本。

广仓学窘丛书甲类二集四十九种，姬觉弥辑，民国五年（1916）仓圣明智大学铅活字印本。

第一集

敦煌古写本周易王注校勘记二卷，罗振玉撰。

周书顾命礼征一卷，王国维撰。

周书顾命后考，王国维撰。

乐诗考略一卷，王国维撰。

祼礼榷一卷，王国维撰。

五宗图说一卷，清万光泰撰。

韩氏三礼图说二卷，元韩信同撰。

尔雅草木虫鱼鸟兽释例一卷，王国维撰。

蒙雅一卷，清魏源撰。

释史一卷，王国维撰。

毛公鼎铭考释一卷，王国维撰。

史籀篇疏证一卷序录一卷，王国维撰。

仓颉篇疏证一卷序录一卷，王国维撰。

汉代古文考一卷，王国维撰。

魏石经考二卷，王国维撰。

小学丛残四种，汪黎庆辑。

砖文考略四卷余一卷，清宋经畬撰。

流沙坠简考释补正一卷，王国维撰。

汉魏博士考三卷，王国维撰。

秘书监志十一卷，元王士点撰。

大元马政记一卷，元佚名撰。

随志二卷，元佚名撰。

第二集

广雅疏证补正一卷，清王念孙撰。
江氏音学叙录一卷，清江有诰撰。
古韵总论一卷，清江有诰撰。
廿一部谐声表一卷，清江有诰撰。
入声表一卷，清江有诰撰。
唐韵四声正一卷，清江有诰撰。
两周金石文韵读一卷，王国维撰。
唐韵别考一卷，王国维撰。
韵学余说一卷，王国维撰。
操风琐录四卷，刘家谋撰。
殷卜辞中所见先公先王考一卷，王国维撰。
殷卜辞中所见先公先王续考一卷，王国维撰。
殷周制度论一卷，王国维撰。
古本竹书纪年辑校一卷，清朱右曾辑，王国维补。
今本竹书纪年疏证二卷，王国维撰。
太史公系年考略一卷，王国维撰。
宋史忠义传王禀补传一卷，王国维撰。
清真先生遗事一卷，王国维撰。
元高丽纪事一卷，元佚名撰。
元代画塑记一卷，元佚名撰。
大元仓库记一卷，元佚名撰。
大元氈罽工物记一类，元佚名撰。
大元官制杂记一卷，元佚名撰。
唐折冲府考补一卷，罗振玉撰。
日知录续补正三卷，清李遇孙撰。
永观堂海内外杂文二卷，王国维撰。

曲律四卷，明王骥德撰。

畏庐文集一卷续集一卷三集一卷，清林纾撰，民国五年（1916）上海商务印书馆铅活字印本。

古今小品精华，中华书局编，民国五年（1916）中华书局铅活字印本。

东坡笔记一卷，宋苏轼撰，民国六年（1917）有正书局铅活字印本。

六砚斋笔记四卷，明李日华撰，民国六年（1917）有正书局铅活字印本。

历朝野史正编九卷续编二卷，海阳查应光撰，民国六年（1917）有正书局铅活字印本。

沧州纪事一卷，清程正揆撰，民国六年（1917）有正书局铅活字印本。

谈往一卷，清花村看行侍者撰，民国六年（1917）有正书局铅活字印本。

簷曝杂记六卷，清赵翼撰，民国六年（1917）有正书局铅活字印本。

江村销夏录三卷，清高士奇撰，民国六年（1917）有正书局铅活字印本。

艺舟双楫六卷附录三卷，清包世臣撰，民国六年（1917）有正书局铅活字印本。

分甘余话一卷陇蜀纪闻一卷，清王士禛撰，民国六年（1917）有正书局铅活字印本。

汴围湿襟录一卷，明白愚撰，民国六年（1917）有正书局铅活字印本。

东塘日札一卷，清朱子素撰，民国六年（1917）有正书局铅活字印本。

湘山野录四卷，宋释文莹撰，民国六年（1917）有正书局铅活字印本。

幽梦影节钞一卷，清张潮撰，民国六年（1917）有正书局铅活字印本。

忏因笔记一卷，民国六年（1917）有正书局铅活字印本。

秦淮画舫录三卷，清捧花生撰，民国六年（1917）有正书局铅活字印本。

言鲭一卷，清吕种玉撰，民国六年（1917）有正书局铅活字印本。

竹窗随笔一卷，明释袾宏撰，民国六年（1917）有正书局铅活字印本。

图书馆指南一卷，武进顾实编，民国七年（1918）上海医药书局铅活字印本。

昭昧詹言十卷续八卷续录三卷附考一卷，清副墨子（方东树）暗解，民国七年（1918）上海亚东图书馆铅活字印本。

后四声猿四卷，清桂馥撰，民国七年（1918）铅活字印本。

杨氏列代世系表一卷，杨培志纂，民国七年（1918）广文书局铅活字印本。

道学论衡二卷，释太虚撰，民国七年（1918）上海觉社铅活字印本。

红薇感旧记题咏集三卷，傅熊湘编，民国八年（1919）铅活字印本。

宋人小说二百四十卷，夏敬观等编，民国九年（1920）上海涵芬楼铅活字印本。

知止盦笔记三卷，清黄宗起撰，子世祚编，民国九年（1920）

上海王氏铅活字印本。

虚字会通法一卷续编四卷，徐超撰，民国九年（1920）群学书社铅活字印本。

如语诗录一卷，朱骏声撰，民国十年（1921）上海广益书局铅活字印本。

欧战后之中国一卷，徐世昌撰，民国十年（1921）中华书局铅活字印本。

史记精华录三卷，吴曾祺撰，民国十一年（1922）铅活字印本。

且顽七十岁自叙不分卷，上海李平书自撰，民国十一年（1922）中华书局铅活字印本。

庄子浅说四卷，清林纾撰，民国十一年（1922）商务印书馆铅活字印本。

平等阁笔记四卷，狄葆贤撰，民国十一年（1922）上海铅活字印本。

左传精华录二十四卷，清林纾选，民国十一年（1922）商务印书馆铅活字印本。

左孟庄骚精华录二卷，清林纾选，民国十一年（1922）商务印书馆铅活字印本。

寒松阁谈艺璅录六卷，清张鸣珂撰，民国十二年（1923）文明书局铅活字印本。

秦淮广记三卷，江阴缪荃孙辑，民国十三年（1924）商务印书馆铅活字印本。

淮南子集证二十一卷，刘家立撰，民国十三年（1924）中华书局铅活字印本。

上海曹氏族谱四卷，曹浩纂修，民国十四年（1925）铅活字印本。

清文评注读本，王文濡评选，民国十五年（1926）文明书局铅活字印本。

朱荣禄公哀录不分卷，民国十四年（1925）铅活字印本。

填词百法二卷，顾佛影撰，民国十四年（1925）上海崇新书局铅活字印本。

聊斋诗集二卷词集一卷，清蒲松龄撰，民国十五年（1926）国学扶轮社铅活字印本。

诸子精华录十八种，江阴张之纯评注，民国十五年（1926）商务印书馆铅活字印本。

松江县

小沧桑记二卷，清松江姚济撰，民国五年（1916）铅活字印本。内容记太平军在松事。

韩氏读有用书斋书目一卷，清娄县韩应陛藏，封文权编，民国二十三年（1934）铅活字印本。

青浦县

青箱集三卷别录一卷，青浦王德钟编，民国初年铅活字印本。

春萱草堂遗稿一卷，青浦戴高撰，民国初年铅活字印本。

风雨闭门斋诗稿五卷乡居百绝一卷留都游草一卷外集一卷，青浦王德钟撰，民国十八年（1929）铅活字印本。

奉贤县

云间据目钞五卷，明范濂撰，民国十七年（1928）奉贤褚氏铅活字印本。

重游泮水唱和诗一卷，奉贤朱家驹撰，民国十九年（1930）铅活字印本。

金山县

三子游草十二卷，高燮、姚光、柳弃疾撰，民国四年（1915）铅活字印本。

张氏二先生集四卷，张本戴等编，民国十二年（1923）金山张氏铅活字印本。

黄华集一卷，高燮编，民国十三年（1924）高氏铅活字印本。

顾千里先生年谱一卷，赵诒琛辑，民国十九年（1930）金山姚氏铅活字印本。

钱竹汀（钱大昕）行述一卷，子东壁、东塾撰，民国二十一年（1932）金山姚氏铅活字印本。

川沙县

铁沙寿芹录一卷，川沙陆炳麟编，民国十四年（1925）铅活字印本。

川沙县志二十四卷首一卷，方鸿铠修，黄炎培纂，民国二十六年（1937）铅活字印本。

太仓县

人格一卷，唐文治撰，民国四年（1915）铅活字印本。

太仓田赋平议二卷，太仓蒋乃曾撰，民国五年（1916）太仓县减赋请愿团铅活字印本。

国文大义二卷，唐文治撰，民国九年（1920）铅活字印本。

似山楼诗稿一卷词一卷文一卷，娄东许孟娴撰，民国九年（1920）铅活字印本。

国文经纬贯通大义八卷，唐文治撰，民国十一年（1922）太仓唐氏铅活字印本。

太仓县立图书馆藏书目录八卷补遗一卷，徐福墉编，民国十二年（1923）铅活字印本。

性理学大义十七卷，唐文治撰，民国十三年（1924）铅活字印本。

军箴五卷，唐文治撰，民国十四年（1925）铅活字印本。

太昆先哲遗书首集九种三十七卷，俞庆恩辑，民国十九年（1930）铅活字印本。

尚书大义二卷，唐文治撰，民国十九年（1930）铅活字印本。

阳明学术发微七卷，唐文治撰，民国十九年（1930）铅活字印本。

紫阳学术发微十二卷，唐文治撰，民国十九年（1930）铅活字印本。

娄东周氏艺文志略二卷，太仓周壼撰，民国十九年（1930）铅活字印本。

娄东孙氏家集三卷，清孙寿祺、孙家魁等撰，张家玉辑，民国二十二年（1933）铅活字印本。

太仓十子诗选十卷，清吴伟业编，民国二十二年（1933）铅活字印本。

鸥波舫诗钞八卷，太仓蒋铭勋撰，民国二十三年（1934）铅活字印本。

周易消息大义四卷，唐文治撰，民国二十三年（1934）铅活字印本。

钱园唱酬集一卷附潜园唱酬集一卷续一卷，清钱诗棣编，民国二十四年（1935）潜园铅活字印本。

乙亥志稿四卷，唐文治、王慧言纂，民国二十四年（1935）太仓铅活字印本。

璜经志稿八卷，清施若霖纂，民国二十九年（1940）太仓铅活字印本。

增修鹤市志略三卷，林晃纂，周偁增纂，许泰续纂，民国三十六年（1947）铅活字印本。

嘉定县

文惠全书八种十八卷，黄世荣撰，民国四年（1915）嘉定黄氏铅活字印本。

练西黄氏宗谱十四卷，黄守恒纂，民国四年（1915）诚明堂铅活字印本。

竹人录二卷，嘉定金元钰撰，民国十一年（1922）铅活字印本。

黄渡镇志十卷续志八卷，章树福、章圭瑑纂，民国十二年（1923）铅活字印本。

黄渡诗存八卷，金文翰、章圭瑑辑，民国十五年（1926）铅活字印本。

先泽残存八种九卷续编八种八卷，王元增辑，民国十五年（1926）铅活字印本。

月蝉笔露二卷，明嘉定侯玄汸撰，民国二十一年（1932）铅活字印本。

以恬养智斋诗初集四卷，清嘉定程庭鹭撰，民国间铅活字印本。

秋根诗钞一卷，嘉定徐鼎康撰，民国二十三年（1934）铅活字印本。

家庭杂忆一卷，嘉定徐鼎康撰，民国二十三年（1934）铅活字印本。

崇明县

施氏先世事略一卷，崇明施鸿元编，民国五年（1916）铅活字印本。

清代闺阁诗人征略十卷附录一卷补遗一卷，清崇明施淑仪撰，民国十一年（1922）崇明女子师范讲习所铅活字印本。

吴县

落溷记杂剧一卷，吴梅撰，民国元年（1912）铅活字印本。

巽庵漫稿三卷，吴县张茂镛撰，民国元年（1912）苏州启新公司铅活字印本。

歙县迁苏潘氏家谱七卷，清潘文榜纂，潘廷燮增修，民国三年（1914）铅活字印本。

陆文端公（陆润庠）荣哀录一卷，民国四年（1915）铅活字印本。

王烟客先生集，清王时敏撰，民国五年（1916）苏州振新书社铅活字印本。

偶谐旧草一卷续一卷

西庐诗草二卷补二卷

诗余一卷

减庵诗存一卷

西田诗集一卷

奉常公遗训一卷

烟客尺牍二卷

传志一卷

书史一卷

诗简一卷

附西庐怀旧集

竹堂寺志补一卷，释融泉辑，民国六年（1917）铅活字印本。

琴清书屋遗稿二卷，清吴门赵传藻撰，民国五年（1916）铅活字印本。

吴门画舫录三卷，清西溪山人撰，民国六年（1917）铅活字印本。

洞庭西山费氏先德录一卷，费廷琛、费廷璜等辑，民国七年（1918）铅活字印本。

鹜音集二卷，朱孝臧、况周颐撰，民国七年（1918）铅活字印本。

顾氏重修宗谱十卷，顾儒华、顾殿材纂修，民国八年（1919）顾代裕昆堂铅活字印本。

徐俟斋年谱一卷附录一卷（谱主徐枋），罗振玉编，民国八年（1919）铅活字印本。

吴县管氏家谱不分卷，管礼秉、管礼墀纂修，民国九年（1920）铅活字印本。内有《庚申避难记》。

太原王氏皋桥支谱不分卷，王堡等辑，民国十年（1921）铅活字印本。

清芬集六卷，清冯咏芝、冯懿同等辑，民国十年（1921）铅活字印本。

商君书解诂五卷附录二卷，吴县朱师辙撰，民国十年（1921）铅活字印本。

医镜十六卷首一卷，清吴门顾靖远撰，民国十年（1921）吴门铅活字印本。

木渎诗存八卷，清汪正原编，郭绍裘重订，民国十一年（1922）铅活字印本。

滋兰室遗稿一卷，王嗣晖撰，民国十一年（1922）铅活字印本。

醉月轩遗稿一卷，吴县汪恩瑶撰，民国十二年（1923）铅活字印本。

亢庵诗稿一卷词稿一卷，元和徐寿兹撰，民国十二年（1923）铅活字印本。

徐甸孙先生哀录三卷，佚名编，民国十二年（1923）铅活字印本。

皕诲诗钞一卷，吴县范祎撰，民国十四年（1925）铅活字印本。

宋平江城坊考五卷首一卷附录一卷补遗一卷吴中氏族志一卷吴中故市考一卷，吴县王謇撰，民国十四年（1925）铅活字印本。

滂喜斋藏书记三卷附宋元本书目一卷，清叶昌炽撰，民国十四年（1925）铅活字印本。

元史地理通释四卷，吴县张郁文撰，民国十四年（1925）铅活字印本。

伤寒补亡论二十卷，宋郭雍撰，民国十四年（1925）苏州锡承医社铅活字印本。

溉斋杂识三卷诗存三卷诗钟附录一卷，清吴县江衡撰，民国十四年（1925）铅活字印本。

吴郡西山访古记五卷附录一卷，李根源撰，民国十五年（1926）铅活字印本。

齐溪小志，李楚石纂，民国十五年（1926）苏州朱氏士食旧德之庐铅活字印本。

仙传白喉治法忌表抉微一卷，耐修子撰，民国十五年（1926）苏州养育巷毛上珍分号铅活字印本。

杨忠文先生实录五卷，清陈希恕、陈去病辑，民国十六年（1927）陆明恒、柳绳祖铅活字印本。

大阜潘氏支谱正编十四卷附编十卷，潘承谋、潘家翃纂修，民国十六年（1927）苏州潘氏松鳞义庄铅活字印本。

元妙观志十二卷，清顾沅编，民国十六年（1927）铅活字印本。

叶侍读哀汇录一卷，民国十六年（1927）铅活字印本。

意园遗稿一卷附四卷，吴县徐日堃撰，民国十六年（1927）铅活字印本。

租覈一卷，清陶煦撰，民国十六年（1927）铅活字印本。

木渎小志六卷首一卷，张郁文纂，民国十七年（1928）苏州利苏印书社铅活字印本。

食破砚斋诗存二卷附惜余春馆读画集一卷，张荣培撰，民国十七年（1928）铅活字印本。

张氏族谱六卷，张是孚纂，民国十七年（1928）铅活字印本。

香岩径二卷，陆培初、陆培善辑，民国十七年（1928）陆氏铅活字印本。

心源海上方一卷，姚心源撰，民国十八年（1929）吴门姚氏铅活字印本。

雪生年录三卷，李根源自编，民国十八年（1929）铅活字印本。

光福志十二卷首一卷，清徐傅编，王镛等补辑，民国十八年（1929）苏城毛上珍印书局铅活字印本。

胡刻通鉴正文校宋记述略一卷，章钰撰，民国十八年（1929）铅活字印本。

清华大学留美预备部乙巳级毕业同学录，苏宗固辑，民国十八年（1929）苏州利苏印书馆铅活字印本。

沧浪亭新志八卷，蒋镜寰编，民国十八年（1929）铅活字印本。

壬申级毕业刊（苏州振华女学），王謇等编，民国十九年（1930）苏州文新印刷公司铅活字印本。内容分生活、文艺、论文、演讲、诗、剧本、杂俎等七类。

爱晚轩诗存一卷，吴县朱惠元撰，民国十九年（1930）铅活字印本。

皇华纪程一卷，吴县吴大澂撰，民国十九年（1930）铅活字印本。

吴中藏书先哲考略一卷，蒋镜寰撰，民国十九年（1930）苏州图书馆铅活字印本。

文选书录述要一卷，蒋镜寰撰，民国十九年（1930）苏州图书馆铅活字印本。

寰宇贞石图目录一卷，沈维钧撰，民国十九年（1930）苏州图书馆铅活字印本。

红兰逸乘四卷，清张霞房撰，民国十九年（1930）苏州图书馆铅活字印本。

虎邱百咏一卷，王政谦撰，民国十九年（1930）铅活字印本。

小谟觞馆骈文补注六卷续一卷，清彭兆荪撰，费廷璜补注，民国十九年（1930）铅活字印本。

吴门汪氏谱略不分卷，汪原渠修，民国二十年（1931）铅活字印本。

沈信卿先生文集十六卷，吴县沈恩孚撰，民国二十年（1931）铅活字印本。

病理学稿裁二卷，吴县姚心源撰，民国二十年（1931）吴门姚氏铅活字印本。

谈庐联语一卷，吴县徐鋆辑，民国二十年（1931）铅活字印本。

景邃堂题跋三卷，李根源撰，民国二十一年（1932）铅活字印本。

江苏省立苏州图书馆图书目录三册，蒋镜寰、陈子彝编，民国二十一年（1932）铅活字印本。

黄陶楼先生年谱一卷（黄彭年），陈定祥辑，民国二十一年（1932）铅活字印本。

吴王张士诚载记五卷，支伟成编，民国二十一年（1932）铅活字印本。

六修江苏洞庭安仁里严氏族谱十二卷首一卷，严庆祺等纂修，民国二十一年（1932）铅活字印本。

净土生无生论讲义二卷附录一卷，吴县季新益撰，民国二十二年（1933）苏州觉社铅活字印本。

韩忠武王祠墓志正编六卷，清长洲顾沅辑，续编二卷，程勋辑，民国二十二年（1933）淞湄小隐铅活字印本。

沈氏群峰集八卷，清沈清瑞撰，民国二十二年（1933）铅活字印本。

吴县志八十卷，曹允源、李根源纂，民国二十二年（1933）苏州文新公司铅活字印本。

元和唯亭志二十卷首一卷末一卷，清沈藻采纂，民国二十一年（1932）元和沈三益堂铅活字印本。

峨嵋山志八卷，释印光撰，民国二十二年（1933）苏州弘化社铅活字印本。

清凉山志八卷，释印光撰，民国二十二年（1933）苏州弘化社铅活字印本。

艺海一勺二十三种，赵诒琛辑，民国二十二年（1933）铅活字印本。

古玉图考补正一卷，郑文焯撰。

论画十则一卷，清王原祁撰。

论书十则一卷，清邹方锷撰。

画山水诀一卷，清唐岱撰。

画谭一卷，清张式撰。

玉尺楼画说二卷，金恭撰。

寒松阁题跋一卷，张鸣珂撰。

印母一卷，明杨士修撰。

周公瑾印说删一卷，明杨士修节录。

今文房四谱一卷，清谢崧梁撰。

定川草堂文集小品一卷，清张文诠撰。

兰易二卷，宋鹿亭翁撰（上卷），明簟溪子（冯京第）辑（下卷）。

兰史一卷，明簟溪子（冯京第）辑。

兰蕙镜一卷，清屠用宁撰。

艺兰要诀一卷，清吴传沄撰。

养菊法一卷，清闵廷楷撰。

艺菊简易一卷，清徐京撰。

艺菊须知二卷，清顾禄撰。

瓨荷谱一卷，清杨钟宝撰。

莲乡题画偶存一卷，清孔继尧撰。

观石录一卷，清高兆撰。

后观石录一卷，清毛奇龄撰。

月季花谱一卷，清评花馆主撰。

甲戌丛编二十种，赵诒琛、王保譿辑，民国二十三年（1934）铅活字印本。

姑苏名贤续记一卷，明文秉撰。

郑桐庵先生年谱二卷：上卷，明徐云祥、卢泾材撰；下卷，明郑敷教自撰。

郑峚阳冤狱辨一卷，清汤修业撰。

甪村志一卷，清曹焯撰。

游黄山记一卷，清杨补撰。

黟山记游一卷，清汪淮撰。

王司农题画录二卷，清王原祁撰，王保譿辑校。

雨窗漫笔一卷，清王原祁撰。

东庄论画一卷，清王昱撰。

浦山论画一卷，清张庚撰。

艺菊新编一卷，清萧清泰撰。

铜仙传一卷，清徐元润撰。

无名氏笔记一卷，清□□撰。

潜吉堂杂著一卷，清杨秉桂撰。

散花庵丛语一卷，清叶璜撰。

寒蛩诗稿存一卷，明辛丑年撰。

缥缈集一卷，清岳昌源撰。

如画楼诗钞一卷，清张培敦撰。

梅笛庵词剩稿一卷，清宋志沂撰。

词说一卷，蒋兆兰撰。

乙亥丛编十六种，赵诒琛、王保譿、王大隆辑，民国二十四年（1935）铅活字印本。

郑易马氏学，清陶方琦撰。

倭情考略一卷，明郭光复撰。

姑苏名贤后记一卷，清褚亨奭撰。

寒山志传一卷，明赵宧光撰。

梦盦居士自订年谱一卷，清程庭鹭撰。

郑桐庵笔记一卷，明郑敷教撰。

吴乘窃笔一卷，明许元溥撰。

春树闲钞二卷，清顾嗣立撰。

音匏随笔一卷，清曹楙坚撰。

寙櫎日记钞三卷，清周星诒撰，王大隆辑。

荣祭酒遗文一卷，元荣肇撰。

遂初堂集外诗文稿二卷，清潘耒撰。

三百堂文集二卷，清陈奂撰，王大隆辑。

蕉云遗诗一卷，清汤朝撰。

东陵纪事诗一卷，清陈毅撰。

霜厓读画录一卷，吴梅撰。

吴门滕氏世略钞不分卷，清滕文昭撰，民国二十四年（1935）铅活字印本。

医方概要二卷，吴县李畴人撰，民国二十四年（1935）铅活字印本。

鬼僦术三卷，陆锦燧撰，民国二十四年（1935）苏州毛上珍印书馆铅活字印本。

皖志列传稿九卷，金天翮撰，民国二十五年（1936）苏州国学会铅活字印本。

平江叶氏续谱十二卷首一卷末一卷，叶瑞棻、叶培元纂修，民国二十四年（1935）南阳堂铅活字印本。

西清王氏族谱不分卷，王孝绮修，民国二十四年（1935）铅活字印本。谱中有多人参加清末洋务运动。

顾氏医径读本六卷，顾允若撰，民国二十四年（1935）苏州顾氏铅活字印本。

小三松堂诗集四卷杂著一卷，吴县潘敦先撰，民国二十四年（1935）铅活字印本。

絜斋老人遗稿一卷，吴县吴宝恕撰，民国二十四年（1935）铅活字印本。

梦花馆词钞一卷，元和杨俊楞秋撰，民国二十五年（1936）吴门杨氏铅活字印本。

女科临床效方二卷，郑连山撰，民国二十五年（1936）郑氏女科医室铅活字印本。

张长沙原文读本（一名长沙方歌括），南宗景撰，民国二十五年（1936）苏州南氏医药事务所铅活字印本。

丙子丛编十二种，赵诒琛、王大隆辑，民国二十五年（1936）铅活字印本。

孟子赵注考证一卷，清桂文灿撰。

两汉订误四卷，清陈景云撰。

闾邱先生自订年谱一卷，清顾嗣立撰。

竹垞府君行述一卷，清朱桂孙等撰。

家儿私语一卷，明徐复祚撰。

西庐家书一卷，清王时敏撰。

资敬堂家训二卷，清王师晋撰。

荷香馆琐言二卷，丁国钧撰。

天瓶斋书画题跋二卷，清张照撰。

天瓶斋书画题跋补辑一卷，清张照撰，张兴载补辑。

桐庵存稿一卷，明郑敷教撰。

写礼庼遗词一卷，清王颂蔚撰。

丁丑丛编十种，赵诒琛、王大隆辑，民国二十六年（1937）铅活字印本。

唐开成石经考异二卷，清吴骞撰。

释书名一卷，清庄绶甲撰。

辽广实录二卷，明傅国撰。

定思小记一卷，清刘尚友撰。

惕斋见闻录一卷，清苏瀜撰。

劳氏碎金三卷附录一卷，清劳经原撰，吴昌绶辑，王大隆、瞿熙邦补辑。

郑桐庵笔记补逸一卷，明郑敷教撰。

咏归堂集一卷，明陈曼撰。

始诵经室文录一卷，清胡元仪撰。

桐月修箫谱一卷，清王嘉禄撰。

大佛潘氏支谱十四卷附编十卷首一卷，潘家元等重修，民国二十七年（1938）铅活字印本。

四当斋集十四卷，章钰撰，民国二十六年（1937）铅活字印本。

戊寅丛编十种，赵诒琛、王大隆辑，民国二十七年（1938）铅活字印本。

群经冠服图考三卷，清黄世发撰。

颜氏家训斠记一卷，清郝懿行撰。

客越志二卷，明王穉登撰。

东湖乘二卷，清卢生甫撰。

雅园居士自序一卷，清顾予咸撰。

征君陈先生年谱一卷附录一卷，清管庆祺撰。

历代车战考一卷，陈汉章撰。

藏书题识二卷，清汪璐辑

孙渊如先生文补遗一卷，清孙星衍撰，王大隆辑。

戏鸥居词话一卷丛话一卷，清毛大瀛撰。

己卯丛编十种，赵诒琛、王大隆辑，民国二十八年（1939）铅活字印本。

逸礼大义论六卷，清汪宗沂撰。

靖康稗史七种，宋耐庵辑。

宣和己巳奉使金国行程录一卷，宋佚名撰。

瓮中人语一卷，宋韦承撰。

开封府状一卷，宋佚名撰。

南征录汇一卷，金李天民辑、

青宫译语节本一卷，金王成棣撰。

呻吟语一卷，宋佚名撰。

宋俘记一卷，金可恭撰。

行人司重刻书目不分卷，明徐图等撰。

梵麓山房笔记六卷，清王汝玉撰。

庚辰丛编十种，赵诒琛、王大隆辑，民国二十九年（1940）铅活字印本。

论语皇疏考证十卷，清桂文灿撰。

礼学大义一卷，张锡恭撰。

楚辞音残本一卷，隋释道骞撰。

五石瓠六卷附风月诗话一卷，明刘鑾撰。

一梦缘一卷，明王国梓撰。

平圃杂记一卷，清张宸撰。

古欢堂经籍举要一卷，清吴翌凤撰。

石墨考异二卷，清严蔚撰。

砚溪先生遗稿二卷，清惠周惕撰。

香影余谱一卷，清陈倬撰。

江苏省国学月课选辑，民国二十九年（1940）铅活字印本。

辛巳丛编九种，赵诒琛、王大隆辑，民国三十年（1941）铅活字印本。

经学博采录六卷，清桂文灿撰。

吴三桂记略一卷，清佚名撰。

吴逆始末记一卷，清佚名撰。

平吴录一卷，清孙旭撰。

平滇始末一卷，清佚名撰。

存友札小引一卷，清徐晟撰。

荔村随笔一卷，清谭宗浚撰。

一老庵文钞一卷，清徐柯撰。

一老庵遗稿四卷，清徐柯撰。

平江叶氏族谱十二卷首一卷末一卷，叶瑞棻、叶培元修，民国二十四年（1935）南阳堂铅活字印本。

四益宧骈文稿二卷，吴门孙德谦撰，民国二十五年（1936）铅活字印本。

尔雅补释三卷，桐乡汪柏年撰，民国二十五年（1936）铅活字印本。

东庐诗钞六卷，吴县金震撰，民国二十五年（1936）铅活字印本。

梦花馆词钞一卷，清元和杨俊撰，民国二十六年（1937）铅活字印本。

澹人自怡草一卷，清吴县吴大根撰，子本善辑录，孙湖帆、孙妇潘静淑同校，民国二十七年（1938）梅景书屋铅活字印本。

窸斋诗存九卷，清吴大澂撰，孙湖帆、孙妇潘静淑同校，民国二十七年（1938）吴县皋庑吴氏梅景书屋铅活字印本。

笺经室遗集二十卷，吴县曹元忠撰，王大隆编，民国三十年（1941）王氏学礼斋铅活字印本。

程氏人物志八卷，程之康辑，民国三十六年（1947）延庆堂铅活字印本。

常熟县

东塘墅修圩征信录一卷，赵元溥等编，民国元年（1912）铅活字印本。

读史探骊录一卷，常熟姚芝生撰，民国初年常熟开文社铅活字印本。

陶庵集一卷，归子慕撰，民国二年（1913）常熟归氏寿与读书室铅活字印本。

鸥影词钞六卷附悼亡曲一卷，常熟言家驹撰，民国二年（1913）常熟言敦源铅活字印本。

玉雨楼词抄一卷遗诗一卷，常熟殷用霖撰，民国二年（1913）铅活字印本。

韬庵诗存一卷，常熟邵震亨撰，民国二年（1913）邵氏兰雪斋铅活字印本。

无竞先生诗三卷附杂文一卷，常熟吴鸿纶撰，民国二年（1913）铅活字印本。

抱朴斋诗稿四卷，常熟单良玉撰，民国三年（1914）铅活字印本。

拜松阁剩稿二卷，清常熟徐元绶撰，民国三年（1914）铅活字印本。

常熟慈村金氏家乘十四卷，常熟金廷桂修，民国三年（1914）铅活字印本。

金氏文苑内集十四卷外集一卷校勘记一卷，常熟金廷桂辑，民国三年（1914）铅活字印本。

瓶庐诗钞四卷诗余一卷文一卷，清常熟翁同龢撰，民国初年常熟开文社铅活字印本。

历代宫词三卷，常熟冯登瀛撰，民国三年（1914）冯氏铅活字印本。

一行小集一卷，常熟丁祖荫撰，民国三年（1914）铅活字印本。

松陵公牍一卷，常熟丁祖荫撰，民国三年（1914）铅活字印本。

常熟县教育状况不分卷，章慰高编，民国三年（1914）铅活字印本。

金粟山楼诗集五卷，清邵渊耀撰，民国三年（1914）兰雪斋铅活字印本。

甲寅重修先贤言子祠墓纪事诗一卷，佚名编，民国三年（1914）铅活字印本。

海虞诗话十六卷，清单学傅撰，民国四年（1915）铅华馆铅活字印本。

钓渚诗选一卷，清单学傅撰，民国四年（1915）铅活字印本。

常熟县辛亥忙漕征信册不分卷，常熟丁祖荫编，民国五年（1916）铅活字印本。

明季百一诗二卷，张笃庆撰，民国五年（1916）常熟俞氏铅活字印本。

常熟县破山兴福寺志一卷，明程嘉燧编，民国六年（1917）铅活字印本。

虞阳说苑甲编二十种，常熟丁祖荫辑，民国六年（1917）丁氏初园铅活字印本。

七峰遗编二卷，清七峰樵道人撰。

海角遗编一卷，清漫游野史撰。

海虞被兵记一卷，清□俨撰。

过墟志感二卷，清墅西逸叟撰。
书老生蒙难事一卷，清佚名撰。
虞山妖乱志三卷，清冯舒撰。
笔梦一卷，清据梧子撰。
张汉儒疏稿一卷，明张汉儒撰。
阁讼记略一卷，明佚名撰。
牧斋遗事一卷，清佚名撰。
牧斋先生年谱一卷，清葛万里撰。
河东君殉家难事实一卷，清钱孺饴撰。
虞山胜地纪略一卷，清张应遴撰。
琴川三风十愆记一卷，清瀛若氏撰。
祝赵始末一卷，清佚名撰。
邑侯于公政绩记略一卷，清戴兆祚撰。
恭记御试一卷，清陶贞一撰。
潮灾记略一卷，古虞野史氏撰。
常熟记变始末二卷，清谭嘘云撰。
守虞日记一卷，清谭嘘云撰。

小墙东斋诗钞不分卷，清常熟王伊撰，民国六年（1917）常熟徐氏铅活字印本。

海虞桑氏世谱不分卷，桑向荣纂，民国八年（1919）常熟桑氏铅活字印本。

常熟图书馆书目四卷，邑人瞿启甲编，民国八年（1919）铅活字印本。

言飏民遗文一卷，常熟言敦模撰，民国八年（1919）铅活字印本。

蠡言一卷附录一卷，常熟蒋元庆撰，民国八年（1919）铅活字印本。

小石城山房文集二卷，清邵渊耀撰，民国八年（1919）兰雪斋铅活字印本。

摩西词一卷，常熟黄人撰，民国九年（1920）铅活字印本。

宝砚斋诗词集八卷，常熟潘文熊撰，民国九年（1920）潘庆平铅活字印本。

虞山藏海寺志二卷首一卷，释空见纂录，邑人丁易等编订，民国九年（1920）铅活字印本。

龙吟草二卷梅边乐府一卷，常熟孙景贤撰，民国九年（1920）铅活字印本。

莳梅阁诗草一卷词文一卷旅沪吟草一卷，常熟女士潘欲敬（同邑归钟麒继室）撰，民国九年（1920）铅活字印本。

凤观里赵氏迁常家谱一卷，赵震纂修，民国十年（1921）铅活字印本。

瓶庐诗补一卷校异一卷词一卷，常熟翁同龢撰，门下士张兰思校辑，民国十年（1921）铅活字印本。

菰里瞿氏四世画卷题词四卷，同邑孙雄校录，民国初年瞿氏铅活字印本。

邵氏联珠集五卷，虞山邵齐烈等撰，民国初年邵氏铅活字印本。

归玄恭先生年谱一卷（归庄），常熟归曾祁撰，民国十年（1921）铅活字印本。

常熟县有圩市乡圩工征信录二卷，丁祖荫编，民国十一年（1922）铅活字印本。

药龛集一卷，清释照尘撰，民国十一年（1922）常熟清凉寺铅活字印本。

虞山画志补编一卷续编一卷，邵松年辑，民国十一年（1922）铅活字印本。

虞山维摩寺志二卷，邑人屈如幹辑，民国十一年（1922）铅活字印本。

挹云楼遗稿二卷，虞山赵同钧撰，民国十二年（1923）铅活字印本。

古琴斋诗一卷，海虞赵元溥撰，民国十二年（1923）铅活字印本。

奇石山房遗稿一卷，常熟邹琛撰，民国十二年（1923）铅活字印本。

归田吟稿二卷诗余一卷，清常熟庞鸿书撰，民国十二年（1923）铅活字印本。

管子参解三卷，金庭桂撰，民国十二年（1923）铅活字印本。

虞阳沈氏支谱九卷，沈汝谦、沈同午等纂修，民国十二年（1923）常熟同文社铅活字印本。

西圃庐诗草二卷，常熟王仲俊撰，民国十二年（1923）铅活字印本。

诗史阁壬癸诗存六卷补遗一卷，常熟孙雄撰，民国十三年（1924）铅活字印本。

海虞曾氏家谱六卷，曾达文、曾朴等纂修，民国十三年（1924）铅活字印本。

常熟二冯先生集三十四卷，邑人张鸿辑，民国十四年（1925）铅活字印本。

默庵遗稿十卷附录一卷，清冯舒撰。

钝吟老人遗稿二十三卷，清冯班撰。

陈司业诗集四卷，清陈祖范撰，民国十五年（1926）铅活字印本。

常熟俞金门先生事略一卷（俞钟銮），常熟蒋元庆撰，民国十五年（1926）铅活字印本。

坚白室诗草不分卷，常熟言有章撰，民国十八年（1929）铅活字印本。

常熟县立图书馆续增旧书目录一卷，陈文熙等编，民国十八年（1929）铅活字印本。

唐墅诗存四卷，清倪赐原编，谭天成增辑，续编一卷，赵元溥编，民国十九年（1930）铅活字印本。

常熟曹氏家乘一卷，曹缵安修，民国十九年（1930）铅活字印本。

拙余诗稿五卷，常熟潘文熊撰，民国十九年（1930）常熟联益印刷公司铅活字印本。

常熟书画史汇传二卷，庞士龙撰，民国十九年（1930）铅活字印本。

无恙初稿一卷，常熟杨无恙撰，民国十九年（1930）铅活字印本。

谢楼诗草四卷，常熟翁春孙撰，民国二十年（1931）铅活字印本。

虞社精华录三卷，钱育仁、陆宝树编，民国二十年（1931）铅活字印本。

管子补注疏义一卷，常熟庞树典撰，民国二十年（1931）铅活字印本。

旧京诗存八卷文存八卷，常熟孙雄撰，民国二十年（1931）铅活字印本。

虞阳说苑乙编十二种，邑人丁祖荫辑，民国二十一年（1932）

虞山丁氏初园铅活字印本。

虞山杂志一卷，明佚名撰。

虞书一卷，清刘本沛撰。

后虞书一卷，清刘本沛撰。

虞谐志一卷，清尚湖渔父撰。

熙怡录一卷，清戴束撰。

鹊南杂录一卷，清戴束撰。

亭杂记一卷，清赵□撰。

残篦故事一卷，清香谷氏撰。

养疴客谈一卷，清近鲁草堂主人撰。

云峰偶笔一卷，清屈振镛撰。

思庵闲笔一卷，清严虞惇撰。

粤西从宦录一卷，清王庭筠撰。

南通孙氏念萱堂题咏集一卷，孙雄编，民国二十一年（1932）铅活字印本。

常熟浔阳陶氏家谱四卷，陶文炯辑，民国二十二年（1933）铅活字印本。

常熟李氏茂臣公支支谱一卷，李宗浩纂修，民国二十五年（1936）铅活字印本。

钱牧斋年谱一卷，金鹤冲编，民国二十九年（1940）铅活字印本。

劫后吟一卷文一卷，常熟宗汝济撰，民国二十二年（1933）宗氏九我堂铅活字印本。

文庙祀位统考一卷，常熟蒋元庆撰，民国二十九年（1940）铅活字印本。

常熟城东姚氏世系考不分卷，姚锡祚等修，民国三十一年

（1942）铅活字印本。

重修常昭合志二十二卷首一卷末一卷，张镜寰修，丁祖荫、徐兆玮纂，民国三十八年（1949）铅活字印本。

注：全书已印卷一至十、卷十四、卷十八至二十。

昆山县

陈松瀛遗集三卷诗词五卷，昆山陈竺生撰，民国初年铅活字印本。

昆山赵氏义庄公墓规条一卷，赵诒琛撰，民国九年（1920）铅活字印本。

昆山图书馆图书目录四卷，本馆编，民国初年铅活字印本。

昆山王氏世谱二卷，明王在公修，清王桀增订。民国十四年（1925）铅活字印本。

续王氏世谱十一卷，王元增纂，民国十四年（1925）铅活字印本。

赵氏图书馆藏书目录五卷补遗一卷新钞书目一卷附峭帆楼善本书目一卷，赵诒琛编，民国十五年（1926）昆山赵氏义庄铅活字印本。

广平程氏谱略十二卷，程廷恒纂修，民国十九年（1930）铅活字印本。

昆山县公立图书馆图书目录五卷，王颂文编，民国二十二年（1935）铅活字印本。

史记天官书恒星图考一卷，昆山朱文鑫撰，民国二十三年

（1934）铅活字印本。

巴溪志不分卷，朱保熙纂修，民国二十四年（1935）铅活字印本。

隐求堂日记节要十八卷，清昆山潘道根撰，同邑王德森选辑，民国二十四年（1935）铅活字印本。

昆山见存石刻录四卷，邑人潘鸣凤撰，民国二十四年（1935）铅活字印本。

培林堂文集一卷明史稿一卷，清昆山徐秉义撰，民国二十六年（1937）铅活字印本。

菉溪志四卷，清诸世器纂，民国二十八年（1939）朱启甲、蒋正逵铅活字印本。

吴江县

孤根集三卷，吴江金天翮撰，民国元年（1912）铅活字印本。

流霞书屋遗集四卷，邹铨撰，柳亚子编，民国二年（1913）铅活字印本。

吴江县财政录一卷附一卷，丁祖荫编，民国二年（1913）铅活字印本。

鹤望近诗一卷，吴江金天翮撰，民国三年（1914）铅活字印本。

春航集一卷子美集一卷，吴江柳亚子撰，民国三年（1914）铅活字印本。

陈勒生烈士遗集一卷，吴江柳亚子编，民国三年（1914）铅活字印本。

孙竹丹烈士遗集一卷，吴江柳亚子编，民国三年（1914）铅活字印本。

宁太一遗书二十三卷，宁调元撰，民国三年（1914）铅活字印本。

蚬江陈氏家谱八卷，陈去病纂，民国四年（1915）松陵陈氏铅活字印本。

笠泽词征三十卷，吴江陈去病辑，民国四年（1915）铅活字印本。

词旨一卷，元陆行直撰，民国四年（1915）铅活字印本。

乐府指迷一卷，宋沈义父撰，民国四年（1915）铅活字印本。

词品一卷，清郭麐撰，民国四年（1915）铅活字印本。

问花楼词话一卷，清陆蓥撰，民国四年（1915）铅活字印本。

午梦堂全集十三种，明吴江叶绍袁辑，民国五年（1916）宁俭堂铅活字印本。

鹂吹二卷附一卷，明沈宜修撰。

梅花诗一卷，明沈宜修撰。

愁言一卷，明叶纨纨撰。

鸳鸯梦一卷，明叶小纨撰。

窃闻一卷续一卷，明叶绍袁撰。

午梦堂遗集二卷附一卷

返生香一卷，明叶小鸾撰。

百旻遗草一卷附一卷，明叶世偁撰。

秦斋怨一卷，明叶绍袁撰。

屺雁哀一卷，明叶绍袁撰。

彤奁续些二卷，明叶绍袁撰。

灵护集一卷附一卷，明叶世傛撰。

琼花镜一卷，明叶绍袁撰。

吴江施氏义庄汇录一卷，施则敬等辑，民国五年（1916）铅活字印本。

天放楼文言十二卷，吴江金天翮撰，民国六年（1917）铅活字印本。

庞檗子遗集一卷，吴江庞树柏撰，民国六年（1917）铅活字印本。

话雨楼遗诗一卷附录一卷，清徐涛撰，民国六年（1917）铅活字印本。

盍簪书屋遗诗一卷附录一卷，清吴鸣钧撰，民国六年（1917）铅活字印本。

谏果书屋遗诗一卷附录一卷，清郑恭和撰，民国六年（1917）铅活字印本。

同里志二十四卷首一卷，清阎登云修，周之桢纂，民国六年（1917）叶嘉棣铅活字印本。

盛湖竹枝词二卷盛湖杂录一卷，沈云撰，民国七年（1918）铅活字印本。

尘天阁诗草一卷，清徐商济撰，民国八年（1919）铅活字印本。

松陵女子诗征十卷，吴江费善庆、薛凤昌编，民国八年（1919）费氏华萼堂铅活字印本。

吴江县乡土志一卷，范烟桥编，民国八年（1919）铅活字印本。

博议楼遗诗一卷，吴江张乃淳撰，民国九年（1920）铅活字印本。

盛泽张氏遗稿录存四种，吴江张嘉荣集录。民国九年（1920）张氏希范堂铅活字印本。

春壶滴残二卷，吴江沈禄康撰，民国九年（1920）子昌眉铅活字印本。

垂虹杂咏一卷，吴江费善庆撰，民国十年（1921）华萼堂铅活字印本。

晚宜楼诗集十六卷，明松陵毛莹撰，民国十年（1921）邑人柳遂铅活字印本。

迷楼集一卷，吴江柳遂辑，民国十年（1921）吴江柳氏铅活字印本。

天放楼诗集九卷，吴江金天翮撰，民国十一年（1922）铅活字印本。

松陵文集初编四卷二编六卷三编五十卷，吴江陈去病纂辑，民国十一年（1922）吴江陈氏百尺楼铅活字印本。

灵兰精舍诗选一卷词选一卷，吴江陈希恕撰，民国十一年（1922）铅活字印本。

残年余墨二卷，清吴江周鼎金撰，外孙沈昌眉辑，民国十二年（1923）铅活字印本。

乐国吟二卷，吴江柳亚子撰，民国十二年（1923）铅活字印本。

南社丛刊二十二集。吴江柳亚子编，宣统元年至民国十二年（1923）铅活字印本。

春雨楼集八卷附殷童子哀挽录二卷，吴江殷寿彭撰，民国十二年（1923）铅活字印本。

吴江沈跻庵先生追悼录（沈廷钟）。子流芳辑，民国十二年（1923）铅活字印本。

江震游庠录二卷，汝益谦辑，薛凤昌校，民国十三年（1924）铅活字印本。

浩歌堂诗钞十卷，陈去病撰，民国十三年（1924）铅活字印本。

吴江诗录二十二卷，陈去病辑，民国十四年（1925）铅活字印本。

松陵绝妙词选五卷华胥语业一卷，周铭辑撰，民国十五年（1926）薛氏邃汉斋铅活字印本。

却扫庵存稿八卷，震泽谢宗素撰，民国十六年（1927）铅活字印本。

杨忠文先生实录五卷，吴江陈希恕辑，民国十六年（1927）铅活字印本。

天放楼文言十二卷，吴江金天翮撰，民国十六年（1927）铅活字印本。

天放楼诗续集一卷，吴江金天翮撰，民国十六年（1927）铅活字印本。

吴江张氏族谱不分卷，张一廖、张一爵纂修，民国十七年（1928）铅活字印本。

鞠通乐府一卷，清吴江沈自晋撰，民国十七年（1928）沈氏敦厚堂铅活字印本。

瘦吟楼词一卷，清吴江沈时栋撰，民国十七年（1928）敦厚堂铅活字印本。

江震殷氏族谱九卷，吴江殷葆深纂修，民国十七年（1928）铅活字印本。

吴江诗录初编四卷二编二十二卷，陈去病辑，民国十八年（1929）百尺楼铅活字印本。

天放楼诗集五卷，吴江金天翮撰，民国二十一年（1932）铅活字印本。

苏州五奇人传一卷，吴江金天翮撰，民国二十二年（1933）铅活字印本。

笏园诗钞三卷词钞一卷，吴江周麟书撰，民国三十年（1941）铅活字印本。

天放楼文言遗集四卷，吴江金天翮撰，民国三十六年（1947）铅活字印本。

天放楼诗遗集七卷，吴江金天翮撰，民国三十六年（1947）铅活字印本。

鹤缘词一卷，吴江金天翮撰，民国三十六年（1947）铅活字印本。

武进县

心史丛刻三集二十种，武进孟森辑，民国六年（1917）铅活字印本。

夫椒山馆诗二十一卷补遗一卷，清阳湖周仪暐撰，民国七年（1918）铅活字印本。

剑门诗集四卷，武进吴放撰，民国七年（1918）铅活字印本。

武进西营刘氏家谱八卷，刘持原重修，民国八年（1919）铅活字印本。

大观录二十卷，武进吴怡撰，民国九年（1920）铅活字印本。

武进西营刘氏清芬录第一集十卷，刘淇编，民国十一年（1922）铅活字印本。

霍堂诗抄六卷，武进史次星撰，民国十一年（1922）铅活字印本。

毗陵诗录八卷，武进赵震辑，民国十一年（1922）铅活字印本。

蓉湖词一卷，毗陵邵广铨等撰，民国十一年（1922）铅活字印本。

毗陵周氏家乘五种八卷，武进周邦俊辑，民国十七年（1928）陶湘铅活字印本。

武进西营刘氏五福会支谱不分卷，刘氏五福会修，民国十八年（1929）铅活字印本。

名山文约三编三卷，阳湖钱振锽撰，民国十九年（1930）铅活字印本。

名山八集一卷，阳湖钱振锽撰，民国十九年（1930）铅活字印本。

毗陵李氏西里桥派支谱不分卷，李嘉翼修，民国二十二年（1933）铅活字印本。

武进陶氏书目丛刊十五种十六卷，陶湘编辑，民国二十二年（1933）铅活字印本。

庄恒自叙年谱一卷，明武进庄恒编，民国二十三年（1934）铅活字印本。

胥园府君年谱一卷（庄肇奎），清武进庄兆钤辑，民国二十三年（1934）庄蕴宽铅活字印本。

庄鼎臣年谱一卷，清武进庄俞辑，民国二十三年（1934）庄蕴宽铅活字印本。

中国医学源流论一卷，武进谢观撰，民国二十四年（1935）铅活字印本。

毗陵伍氏合集十种二十五卷，清伍宇昭辑，伍璜补辑，民国二十四年（1935）铅活字印本。

缪氏考古录不分卷，缪荃孙纂修，民国二十四年（1935）又新印刷局铅活字印本。

毗陵庄氏增修族谱二十三卷首一卷末一卷，庄清华、庄启纂修，民国二十四年（1935）庄氏宗祠铅活字印本。

涉园自订年谱一卷，武进陶湘自编，民国二十八年（1939）铅活字印本。

毗陵李氏西里桥派支谱不分卷，李嘉育增修，民国三十八年（1949）铅活字印本。

无锡县

高子水居精华录三卷，无锡钱基博选纂，民国初年十七世族孙高镜徵铅活字印本。高子系明人高攀龙。

无锡孟里孙氏支谱存稿一卷，孙景康、孙以涛纂，民国初年铅活字印本。

锡山绣工会记述汇编一卷，华文川等编，民国四年（1914）铅活字印本。

无锡县图书馆第一周年报告册一卷，本馆编，民国四年（1915）铅活字印本。

读书录不分卷，明薛暄撰，丁福保辑，民国五年（1916）铅活字印本。

收复锡山淮军昭忠李光禄公祠公牍汇编一卷，杨树森辑，民国五年（1916）铅活字印本。

无锡范氏家乘二卷首一卷，范铸等修，民国五年（1916）铅活字印本。

宝严堂诗集四卷行状一卷，清孙永清撰（孙尔准之父），民国六年（1917）铅活字印本。

南唐二主词笺一卷补遗一卷，刘继增笺注，民国七年（1918）无锡县图书馆铅活字印本。

锡山二母遗范录三卷，胡雨人编，民国八年（1919）铅活字印本。

翻译名义集新编二卷，宋释法云撰，丁福保编，民国八年（1919）无锡丁氏铅活字印本。

锡山秦氏后双孝征文汇录一卷，秦中毅编，民国九年（1920）铅活字印本。

无锡沈伯伟哀挽录一卷，俞粲编，民国九年（1920）铅活字印本。

无锡县立图书馆乡贤部书目一卷，刘书勋编，民国九年（1920）铅活字印本。

赣江归櫂记一卷，武进李法章撰，民国九年（1920）无锡锡成公司铅活字印本。

佛学之基础一卷，无锡丁福保撰，民国九年（1920）无锡丁氏铅活字印本。

六道轮回录一卷，无锡丁福保撰，民国九年（1920）无锡丁氏铅活字印本。

佛学指南一卷，无锡丁福保撰，民国九年（1920）无锡丁氏铅活字印本。

佛学起信编一卷，无锡丁福保撰，民国九年（1920）无锡丁氏铅活字印本。

佛学初阶一卷，无锡丁福保撰，民国九年（1920）无锡丁氏铅活字印本。

静坐法精义一卷，无锡丁福保注，民国九年（1920）铅活字印本。

佛说八大人觉经笺注一卷，无锡丁福保注，民国九年（1920）无锡丁氏铅活字印本。

佛学大辞典不分卷，无锡丁福保辑，民国九年（1920）无锡丁氏铅活字印本。

进德丛书十一种，无锡丁福保辑，民国九年（1920）无锡丁氏铅活字印本。

伟人修养录

西洋古格言

少年进德录

少年之模范

女诫注释

温氏母训

读书录录

聪训斋语

恒产琐言

新道德丛谭

少年进德汇编

佛遗教经笺注一卷，无锡丁福保注，民国九年（1920）丁氏铅活字印本。

四十二章经笺注一卷，无锡丁福保注，民国九年（1920）无锡丁氏铅活字印本。

佛经精华录一卷，无锡丁福保选辑，民国九年（1920）无锡丁氏铅活字印本。

观世音经笺注一卷，无锡丁福保注，民国九年（1920）无锡丁氏铅活字印本。

高王观世音经笺注一卷，无锡丁福保注，民国九年（1920）无锡丁氏铅活字印本。

观世音菩萨灵感录一卷，无锡丁福保辑，民国九年（1920）无锡丁氏铅活字印本。

盂兰盆经笺注一卷，无锡丁福保注，民国九年（1920）无锡丁氏铅活字印本。

阿弥陀经笺注一卷，无锡丁福保注，民国九年（1920）无锡丁氏铅活字印本。

观无量寿佛经笺注一卷，无锡丁福保注，民国九年（1920）无锡丁氏铅活字印本。

无量义经笺注一卷，无锡丁福保注，民国九年（1920）无锡丁氏铅活字印本。

观普贤菩萨行法经笺注一卷，无锡丁福保注，民国九年（1920）无锡丁氏铅活字印本。

心经笺注一卷，无锡丁福保注，民国九年（1920）无锡丁氏铅活字印本。

心经评注一卷，无锡丁福保注，民国九年（1920）无锡丁氏铅活字印本。

金刚般若波罗蜜经笺注一卷，无锡丁福保注，民国九年（1920）无锡丁氏铅活字印本。

六祖坛经笺注一卷，无锡丁福保注，民国九年（1920）无锡丁氏铅活字印本。

阴符经真诠一卷，无锡黄元炳撰，民国九年（1920）无锡丁氏铅活字印本。

学易随笔一卷，无锡黄元炳撰，民国九年（1920）无锡丁氏铅活字印本。

南洋旅行记不分卷，侯鸿鉴撰，民国九年（1920）无锡竞志女中铅活字印本。

张文襄公谢折四卷，清张之洞撰，许同莘编录。民国九年（1920）铅活字印本。

无锡县立图书馆汇刊一卷，本馆编，民国九年（1920）铅活字印本。

病骥五十无量劫反省诗一卷，无锡侯鸿鉴撰，民国十年（1921）铅活字印本。

无锡私立大公图书馆藏书目录十二卷补遗一卷续补一卷，严懋功编，民国十年（1921）铅活字印本。

黛吟楼诗稿一卷词稿一卷文稿一卷，锡山女士温倩华撰，民国十年（1921）铅活字印本。

梁溪旅稿二编二卷，李法章撰，民国十一年（1922）铅活字印本。

锡山先哲丛刊三辑十二种，侯鸿鉴辑，民国九年（1920）铅活字印本。

第一辑

无锡县志四卷，明佚名撰。

竹炉图咏四卷补一卷，清吴钺集录，刘继增重录。

愚公谷乘一卷，明邹迪光撰。

秋水文集二卷补遗一卷，清严绳孙撰。

第二辑

浦舍人诗集四卷附录一卷，明浦源撰。

王舍人诗集五卷附录一卷，明王绂撰。

澹宁居诗集二卷，明马世奇撰。

第三辑

邵文庄公年谱一卷（谱主邵宝），明邵黧、吴道成撰。

乐皋山堂稿八卷，清王会汾撰。

高子遗书节钞十卷，明高攀龙撰。

高忠宪公年谱一卷（谱主高攀龙），清华允诚撰。

锡山补志一卷，清钱泳辑。

寄沤文钞二卷诗钞四卷词一卷，无锡刘继增撰，民国十一年（1922）铅活字印本。

论语要略一卷，清许珏撰，民国十一年（1922）铅活字印本。

复庵遗集二十四卷，清许珏撰，民国十一年（1922）铅活字印本。

三借庐剩稿续刊附寿言三卷，邹弢撰，民国十二年（1923）铅活字印本。

新安许氏先集四十二卷，许同莘辑，民国十二年（1923）无锡许氏简素堂铅活字印本。

无锡国学专修馆讲演集初编一卷，唐文治鉴定。民国十二年（1923）铅活字印本。

严廉访遗稿十卷首一卷末一卷，无锡严金清撰，族孙懋功等编，民国十二年（1923）铅活字印本。

聊自娱斋诗草一卷，严文波撰，民国十二年（1923）铅活字印本。

拙宜书屋诗存一卷，严文沅撰，民国十二年（1923）铅活字印本。

伤寒问答一卷，萧屏撰，民国十二年（1923）无锡锡成公司铅活字印本。

畴隐居士自订年谱一卷，丁福保撰，民国十四年（1925）铅活字印本。

无锡兵灾记一卷，侯鸿鉴撰，民国十四年（1925）铅活字印本。

无锡县立图书馆书目十六卷，严毓芬编，民国十五年（1926）铅活字印本。

无锡陡门秦氏辛酉宗谱四卷补遗一卷，秦世铨修，民国十五年（1926）秦以铨铅活字印本。

桐江钓台集十二卷，无锡严懋功汇编，民国十五年（1926）铅活字印本。

陶渊明诗笺注四卷附录一卷，无锡丁福保撰，民国十六年（1927）铅活字印本。

清诗话四十二种，丁福保辑，民国十六年（1927）铅活字印本。

全汉三国晋南北朝诗十一集五十四卷，丁福保辑，民国十六年（1927）铅活字印本。

道藏精华录十集一百种，守一子辑，民国初年无锡丁福保铅活字印本。

士礼居藏书题跋记六卷续四卷，清黄丕烈撰，丁福保辑，民国间无锡丁氏铅活字印本。

老子道德经笺注一卷，丁福保撰，民国十六年（1927）无锡丁氏铅活字印本。

环溪草堂诗稿八卷，侯学愈撰，民国十六年（1927）铅活字印本。

云在山房丛书十五种，杨寿枏辑，民国十七年（1928）无锡杨氏铅活字印本。

醉乡琐志一卷，清黄体芳撰。

云薖漫录二卷，杨寿枏撰。

外家纪闻一卷，汪曾武撰。

簷醉杂记三卷，清徐沅撰。

竹素园丛谈一卷，顾恩瀚撰。

洪宪旧闻三卷项城就任秘闻一卷，侯毅撰。

春秋后妃本事诗一卷，清李步青撰。

遯斋残稿一卷，清李步青撰。

明事杂咏一卷，丁传靖撰。

扶桑百八吟一卷，姚鹏图撰。

贯华丛录一卷，杨寿枏撰。

福慧双修庵小记一卷，丁传靖撰。

云郎小史一卷，冒广生撰。

论文琐言一卷，章廷华撰。

八旗画录前编三卷后编三卷，李放撰。

水竹轩诗钞八卷，梁溪秦焕撰，民国十七年（1928）铅活字印本。

吟梅仙馆诗稿一卷词稿一卷，无锡蒋汝僩撰，民国十七年（1928）铅活字印本。

曝画纪余十二卷，秦潜撰，民国十八年（1929）铅活字印本。

无锡丁氏宗谱二十卷，丁福联修，民国十八年（1929）无锡双桂堂铅活字印本。

无锡县立图书馆善本书目二卷，邑人秦毓钧编，民国十八年（1929）铅活字印本。

锡山钱王祠复建志略不分卷，钱守恒辑，民国十八年（1929）铅活字印本。

锡金识小录十二卷，清黄卬纂，民国十九年（1930）无锡侯学愈环溪草堂铅活字印本。

锡山龚氏遗诗四卷，无锡龚谷成辑，民国十九年（1930）铅活字印本。

锡山秦氏文钞十二卷首一卷末一卷，秦毓钧编，民国十九年（1930）铅活字印本。

清代征献类编二十九卷，严懋功撰，民国二十年（1931）铅活字印本。

念劬庐丛刻初编八种九卷，徐彦宽辑，民国二十年（1931）铅活字印本。

锡金考乘十四卷首一卷，清周有壬纂，民国二十年（1931）环溪草堂铅活字印本。

锡金游庠同人自述汇刊，蒋士栋编，民国二十一年（1932）铅活字印本。

易学入门一卷易学探原经传解三卷，黄元炳撰，民国二十一年（1932）铅活字印本。

三借庐集五卷，邹弢撰，民国二十一年（1932）铅活字印本。

小岘山人文集七卷续集二卷补遗一卷，清秦瀛撰，民国二十二年（1933）环溪草堂铅活字印本。

锡山荣氏绳武楼丛刊十六种，荣棣辉辑，民国二十二年（1933）铅活字印本。

自怡吟拾存一卷附录一卷，清荣汉璋撰。

半读斋剩稿一卷杂著一卷附录一卷，清荣汝楫撰。

棠荫轩遗稿二卷补遗一卷杂著二卷，清荣汝棻撰。

医学一得四卷补遗一卷，清荣汝棻撰。

戊午言录一卷，荣善昌、荣棣辉撰。

毛太君徽音集一卷，荣善昌、荣棣辉撰。

成思室遗稿一卷联语一卷，荣善昌撰。

成思室遗稿附录一卷，荣金声辑。

壬申挽言录二卷补遗一卷，荣金声辑。

凋芳录一卷，荣金声辑。

洞泉诗钞一卷附录一卷，清荣涟撰。

兰言居遗稿三卷附录一卷，清荣光世撰。

古泉杂记一卷，无锡丁福保撰，民国二十二年（1933）铅活字印本。

丧礼易从四卷，清叶裕仁撰，民国二十二年（1933）无锡丁梓仁铅活字印本。

顾梁汾先生诗词集九卷附刊一卷，清锡山顾贞观撰，民国二十三年（1934）铅活字印本。

史汉文学研究法一卷，陈衍撰，民国二十三年（1934）铅活字印本。

历代诗话续编二十八种七十七卷，无锡丁福保辑，民国二十三年（1934）铅活字印本。

桐江钓台续集二卷，严懋功编，民国二十四年（1935）铅活字印本。

锡山高氏宗谱十卷首一卷，高德舆、高文海修，民国二十四年（1935）诵芬堂铅活字印本。

锡山尤氏丛刊甲集七种十一卷，尤桐辑，民国二十四年（1935）铅活字印本。

梁豁遗稿二卷补编二卷，宋尤袤撰。

遂初堂书目一卷，宋尤袤撰。

文选考略一卷，宋尤袤撰。

万柳溪边旧话一卷，元尤玘撰。

万柳溪边近话一卷，明尤鍄撰。

述祖诗一卷，清尤侗撰。

锡山尤氏文存一卷诗存一卷，清尤桐撰。

附尤氏古迹考一卷

删定文集二卷，无锡周同愈撰，民国二十四年（1935）铅活字印本。

古钱有裨实用谭一卷，无锡丁福保撰，民国二十五年（1936）铅活字印本。

蛰园诗稿二卷，无锡王锡玙撰，民国三十八年（1949）无锡艺海印书馆铅活字印本。

锡山李氏世谱二十四卷，李惕平、李康复纂修，民国三十八年（1949）铅活字印本。

无锡南禅寺志四卷首一卷，侯猬撰，民国三十八年（1949）铅活字印本。

宜兴县

醉园诗存二十六卷词一卷，宜兴蒋萼撰，民国初年铅活字印本。

哦月楼诗存三卷，宜兴储慧撰，民国初年铅活字印本。

次园诗存六卷，宜兴蒋彬若撰，民国初年铅活字印本。

江阴县

诗源辨体三十六卷后集纂要二卷附许伯清诗稿一卷遗诗辑补一

卷，明江阴许学夷撰，民国十一年（1922）铅活字印本。

西园旅居自述诗一卷，江阴章霖撰，民国初年铅活字印本。

勺轩诗钞二卷，江阴章廷华撰，民国十四年（1925）铅活字印本。

古春草堂笔记一卷，江阴曹倜撰，民国十七年（1928）铅活字印本。

后底泾吴氏宗谱二十五卷，吴增甲纂修，民国三十八年（1949）源德堂铅活字印本。

南通县

新高丽史五十四卷，朝鲜金泽荣编，民国初年南通翰墨林书局铅活字印本。

沧江稿十四卷，朝鲜金泽荣撰，民国初年南通翰墨林书局铅活字印本。

念萱堂题咏集四卷，孙儆辑，民国初年铅活字印本。

曾南丰年谱一卷，南通王焕鑣撰，民国初年铅活字印本。

杏红馆诗钞续集四卷词一卷三集甲编四卷，南通袁绍昂撰，民国初年铅活字印本。

澹庐楹语一卷，南通徐鋆撰，民国初年铅活字印本。

张季子诗录十卷，南通张謇撰，民国三年（1914）铅活字印本。

费鉴清先生哀思录一卷，费师洪编，民国三年（1914）铅活字印本。

雪宧绣谱一卷，吴县沈寿述，张謇录，民国八年（1919）南通翰墨林书局铅活字印本。

难经编正二卷，司树屏编疏。民国九年（1920）南通翰墨林书局铅活字印本。

南通平潮曹公亭诗一卷，费师洪编，民国十年（1921）铅活字印本。

通海垦牧乡志一卷，范鎧、张謇纂，民国十年（1921）铅活字印本。

南通县图志二十四卷，范鎧纂，张謇续纂，民国十四年（1925）铅活字印本。

淡远楼诗不分卷，南通费师洪撰，民国十五年（1926）南通费氏铅活字印本。

慧琳一切经音义反切考，南通黄淬伯撰，民国二十年（1931）铅活字印本。

徐氏通城支谱四卷，徐宣武纂，民国二十一年（1932）翰墨林书局铅活字印本。

历代石画观音像供养狼山目录，净缘社编，民国二十五年（1936）铅活字印本。

蜗牛舍诗本集一卷别集一卷，南通范罕撰，民国二十五年（1936）南通翰墨林书局铅活字印本。

子午流注一卷，南通徐卓撰，民国二十五年（1936）南通三友书店铅活字印本。

州乘一览八卷，清汪蘗纂，民国二十九年（1940）南通文献征集会铅活字印本。

等韵通转图证四卷，南通徐昂撰，民国三十六年（1947）南通翰墨林书局铅活字印本。

如皋县

观鱼庐稿二卷，如皋宗孝忱撰，民国初年铅活字印本。

如皋郑氏族谱十四卷首一卷，郑振万等纂修，民国十五年（1926）铅活字印本。

如皋县志二十卷首一卷，刘焕、黄锡田修，沙元炳、金鉽纂，民国十八年（1929）铅活字印本。

志颐堂诗集十二卷文集三卷，如皋沙元炳撰，民国二十二年（1933）铅活字印本。

泰兴县

求益斋诗钞二卷诗余一卷，泰兴李世光撰，民国初年铅活字印本。

桂之华轩诗集四卷补遗一卷文集九卷，泰兴朱铭盘撰，民国二十年（1931）泰兴郑肇经铅活字印本。

淮阴县

淮阴区乡土史地一卷，范成林撰，民国初年铅活字印本。

王家营志六卷，张震南纂，民国二十二年（1933）铅活字印本。

淮安县

出塞集一卷，淮安徐憙撰，民国初年铅活字印本。

新唐诗五十首二卷，淮安曹昌麟撰，民国初年铅活字印本。
味静斋文存二卷文存续选二卷诗存十六卷，山阳徐嘉撰，民国二十一年（1932）铅活字印本。
味静斋杂诗三卷，山阳徐嘉撰，民国二十五年（1936）铅活字印本。
跬园诗钞六卷，淮安顾震福撰，民国二十五年（1936）铅活字印本。

泗阳县

泗阳县志二十五卷首一卷，李佩恩修，张相文、王聿望纂，民国十四年（1925）铅活字印本。

阜宁县

古愚诗文钞十卷，阜宁庞友兰撰，民国初年铅活字印本。
他山剩简二卷，阜宁裴荫森撰，民国初年铅活字印本。

盐城县

读管子札记一卷，盐城陶鸿庆撰，民国初年文字同盟社铅活字印本。
读韩非子札记二卷，盐城陶鸿庆撰，民国初年文字同盟社铅活字印本。
读淮南子札记二卷，盐城陶鸿庆撰，民国初年文字同盟社铅活字印本。

论衡举正四卷，盐城孙人和撰，民国十三年（1924）铅活字印本。

鹖冠子吴注三卷，盐城吴世拱撰，民国十八年（1929）铅活字印本。

陆士衡诗注四卷集说一卷，盐城郝立权校注，民国二十一年（1932）铅活字印本。

续修盐城县志稿第一辑，胡应庚等辑，民国二十二年（1933）铅活字印本。

续修盐城县志十四卷首一卷，林懿均修，陈钟凡纂，民国二十二年（1933）铅活字印本。

希潜遗诗一卷，盐城阮德纯撰，民国二十三年（1934）铅活字印本。

江都县

独诵堂遗集，清李佳撰，民国十年（1921）江都闵氏铅活字印本。

瓜洲志八卷首一卷，清吴耆德、王养度等纂修，冯锦编辑，民国十二年（1923）瓜洲于氏凝晖堂铅活字印本。

汉延熹西岳华山庙碑续考一卷，江都秦更年撰，民国十三年（1924）铅活字印本。

云海楼诗存五卷雷塘词一卷，江都闵尔昌撰，民国十三年（1924）铅活字印本。

明秋馆古今体诗存一卷，广陵裘凌仙撰，民国十五年（1926）铅活字印本。

瓜洲续志二十八卷首一卷，于树滋纂，民国十六年（1927）瓜洲于氏凝晖堂铅活字印本。

淮上题襟集二卷，沙承慈等撰，民国十八年（1929）铅活字印本。

居稽录三十一卷，江都倪在田撰，民国二十四年（1935）铅活字印本。

高邮王氏父子年谱一卷（王念孙、王引之），江都闵尔昌撰，民国三十二年（1943）铅活字印本。

东台县

慎园诗钞不分卷，东台戈铭猷撰，民国初年铅活字印本。

兴化县

学制斋骈文二卷，兴化李详撰，民国四年（1915）铅活字印本。

续修兴华县志十五卷，李恭简修，魏隽、任乃赓纂，民国三十二年（1943）铅活字印本。

泰（州）县

中庸笺正一卷，泰县徐天璋撰，民国八年（1919）铅活字印本。

退庵笔记十六卷宋石斋笔谈一卷六客之庐笔谈一卷，清夏荃撰，民国八年（1919）海陵韩氏铅活字印本。

梓里旧闻八卷，清夏荃辑，民国八年（1919）海陵韩氏铅活字印本。

退庵钱谱八卷，清夏荃撰，民国八年（1919）海陵韩氏铅活字印本。

海陵集二十三卷外集一卷，宋周麟之撰，民国九年（1920）海陵韩氏铅活字印本。

林东城文集二卷，明林春撰，民国九年（1920）海陵韩氏铅活字印本。

微尚录存六卷，清宫伟镠撰，民国九年（1920）海陵韩氏铅活字印本。

双虹堂诗合选不分卷，清张幼学撰，民国九年（1920）海陵韩氏铅活字印本。

春雨草堂别集八卷，清宫伟镠撰，民国十年（1921）海陵韩氏铅活字印本。

敬止集三卷，明陈应芳撰，民国十一年（1922）海陵韩氏铅活字印本。

海安考古录四卷，清王叶衢撰，民国十一年（1922）海陵韩氏铅活字印本。

春秋长历十卷，清陈厚耀撰，民国十二年（1923）海陵韩氏铅活字印本。

陆莞泉医书六卷，清陆儋辰撰，民国十二年（1923）海陵韩氏铅活字印本。

柴墟文集十五卷附录一卷，明储巏撰，民国十二年（1923）海陵韩氏铅活字印本。

诗经集解辨正，秦州徐天璋集解，民国十二年（1923）铅活字印本。

论语实测二十卷，泰州徐天璋注，民国十三年（1924）铅活字印本。

绘事微言四卷，明唐志契撰，民国十三年（1924）海陵韩氏铅活字印本。

东皋先生诗集五卷附录一卷，元马玉麟撰，民国十三年（1924）海陵韩氏铅活字印本。

发幽录一卷，清沈默撰，民国十三年（1924）海陵韩氏铅活字印本。

先我集四卷，清陈文田撰，民国十四年（1925）海陵韩氏铅活字印本。

宝应县

宝应县志三十二卷首一卷，戴邦桢、赵世荣修，冯煦、朱荙生纂，民国二十一年（1932）铅活字印本。

铜山县

拙庵诗稿一卷，铜山杨世桢撰，民国初年铅活字印本。

邃庵文稿二卷，铜山郑叔平撰，民国初年铅活字印本。

徐州续诗征二十二卷，铜山张伯英选编，民国二十三年（1934）小东禽馆铅活字印本。

沛县

沛县志十六卷，于书云修，彭锡蕃纂，民国九年（1920）铅活字印本。

宿迁县

宿迁县志二十卷，严型修，冯煦纂，民国二十四年（1935）铅活字印本。

赣榆县

赣榆县续志四卷，王佐良修，王思衍纂，民国十三年（1924）铅活字印本。

参考书目

《中国版刻图录》
《北京图书馆善本书目》
《上海图书馆善本书目》
《天津人民图书馆藏活字版书目》
《中国人民大学图书馆家谱目录》
邵懿辰:《增订四库简明目录标注》
莫友芝:《郘亭知见传本书目》
傅增湘:《藏园群书经眼录》
王重民:《中国善本书提要》
郑振铎:《西谛书目》
赵诒琛:《峭帆楼劫余书目》
王文进:《文禄堂访书记》
孙殿起:《贩书偶记正续编》
张秀民:《中国印刷史》
日本多贺秋五郎:《宗谱之研究》

代后记

中国古旧书业历史悠久，买卖双方中的贩书者，与藏书家相互依存，又暗自角力，两者的地位、境遇迥殊。自古以来，私人藏书家多为学识渊博的文人、学者，往往勤于著述，无论刊刻与否，率有著作传世，其生平事迹可稽而考之。与之相反，贩书者在古代地位较低、大多文化水平不高，一般被称为书商、书估或书贾，江南水乡有以小舟为交通工具从事经营活动者常被呼为飞凫人，至于洪亮吉（1746—1809）口中的“掠贩家”实在已属美称了。他们毕生业书，经眼过手旧籍无数，尽管书目、版本烂熟于胸，优劣高下多可悬判，却志在贩售获利、养家糊口，鲜有将经眼之物笔之于书、传之后世者，故书林人物一旦故去，遂多湮没无闻。吾乡先贤叶昌炽的《藏书纪事诗》，收录五代至清末数百年间与藏书有关人物七百余家，其中为贩书者立传者不过百之一耳。如乾嘉间在苏州山塘街设萃古斋的钱听默（时霁），被黄丕烈（1763—1825）称为“书贾中之巨擘”，为书林传奇人物，其事迹虽播之众口，求诸文献记载反不足征，这或许是历代贩书者共同的遭遇。

直到民国年间，北方先后有通学斋孙殿起（耀卿）的《贩书偶记》（1936年）、文禄堂王文进（晋卿）的《文禄堂访书记》（1942年）出版，贩书经眼录始渐有作者。“二卿”记录甚为实用，遂成为近世贩书者、藏书家案上必备的参考书。《贩书偶记》出版那年，南京萃文书局的朱长圻（甸卿）有《珍书享帚录》（1936 年）一种也同时问世，所记颇有珍善之本。在此之前，苏州博古斋的柳蓉春（？—1924）父子有《旧书经眼录》一册，较南北“三卿”之作均早成稿，收录《宋元旧本书经眼录》作者莫友芝旧藏不少，然篇幅不大，迄未印行，知者无多。“文革”以后，孙殿起外甥、北京中国书店雷梦水的《古书经眼录》（1984 年），杭州古旧书店严宝善的《贩书经眼录》（1994 年）踵武前修，陆续出版。1997 年，江澄波先生《古刻名抄经眼录》出版，收录其半生贩书经眼之善本 300 种。尽管 2000 年以后，各种刻本、旧平装以及专题文献经眼录层出不穷，然总体质量不容乐观。以本人亲身贩书所见、经手之善本为对象，将实物记录、版本源流、批校题跋、鉴藏印记、递藏关系、收卖经历、书林掌故等内容融为一炉者，至《古刻名抄经眼录》似已成绝响。

对于江翁生平与《古刻名抄经眼录》的学术价值，业师吴格先生在序言中已详加揭示，兹不复赘。《古刻名抄经眼录》与《江苏活字印书》初版问世距今已逾二十三年，压库之书早由江澄波先生从江苏人民出版社购回，作为爱书人过访苏州的最佳纪念品，插在文学山房旧书店架上签名出售，十几年下来，久已告罄，旧书网上所售，溢价数倍，再版之事自应提上日程。

2019 年初，《吴门贩书丛谈》杀青时，我曾在后记中对江澄波先生《古刻名抄经眼录》《江苏活字印书》的修订再版充满信心。其实，早在《吴门贩书丛谈》看校样期间，就有位上海来的王先生专程到苏州拜访江翁，主动承揽《古刻名抄经眼录》《江苏活字印书》的再版事宜，可惜之后由于种种主客观原因，两书重版一事波折不断。2019年6月，我因病住院二十余天，月末出院后看到《吴门贩书丛谈》新书，效果很好，反响更佳，有点出乎大家的预料。《古刻名抄经眼录》《江苏活字印书》重版事仍迟迟未落实，在征得当事双方一致同意后，我即联系张永奇兄，希望能将两书交由北京联合出版公司出版，承他们不弃，慨然接受了这一建议。

之所以会选择继续与北京联合出版公司合作，原因有二：一方面，通过之前《吴门贩书丛谈》一书的合作，对出版社及责编永奇兄均有所认知，相信他们必能将两书做得很出色；另一方面，《吴门贩书丛谈》当初作为单种出品，未将之纳入"江澄波文集"作整体考虑。倘若《古刻名抄经眼录》《江苏活字印书》交同一家出版社来做，它们的开本尺寸、装帧设计、整体风格均可与前者保持一致，即使无法在《吴门贩书丛谈》上添印"江澄波文集"之类的标题，却可在具体操作中实现该项目标，自然再好不过了。这三种书，凝聚了江翁毕生的心力，借此机会，能以相对统一的形制和读者见面，对于九十五岁高龄的江翁而言，无疑是极大慰藉。

《古刻名抄经眼录》初版收录善刻精抄本300种，目前分别庋于北京国家图书馆、南京图书馆、南京博物院、上海图书馆、复旦大学图书馆、浙江省图书馆、厦门大学图书馆、苏州图书馆、苏州博物馆、无锡图书馆、苏州古旧书店等单位，这批善本入公藏后，均已重新编目，间有一小部分著录与《经眼录》记载有出入处。如归浙江省图书馆之元刊本《汉隶分韵》，现改定为明刻本。鉴于以上记录均为二十余年前之判断，窃以为毋庸追改，保留旧貌亦未尝不可，至于最新的版本鉴定意见，参考各馆之编目记录即可。兹谨将书中涉及时间变化、字句讹夺者改削一过，唯恐扫叶未能净尔，读者鉴之。与此同时，以全彩书影替换旧版书前的黑白小图，让人更赏心悦目。在此，要感谢北京芷兰斋主人韦力先生提供《佳趣堂书目》稿本书影、上海枫江书屋主人杨崇和先生提供《三家宋版书目》抄本书影，为新版增色不少。

需要说明的是，值此重版之际，江翁费数月之力，手录近二十年来所见之善本116种，增入《古刻名抄经眼录》，使全书篇幅扩充三分之一弱。不过，正因此番焚膏继晷伏案工作，江翁目力竟大为衰退，以致他看《吴门贩书丛谈》校样时，在借助放大镜的情况下仍倍感吃力。此次新版校对命我代劳，书中若有脱校处，责任皆在于我，特此说明。另外，《经眼录》初版按四部分类法排序，而目录中每书后未标页码，查检颇为费力，此次除将增入的116种书分门别类插入300种内外，并将各篇的页码补出，以便读者翻检、阅读。

《江苏活字印书》与《古刻名抄经眼录》情况近似，此书系江翁利用二十余年前目录学成果，编辑的专题目录，于今看来，自然有不少可商可补之处，但已得明清两代江苏地区活字印书之大概，纲领具在，鉴于江翁年高，不再小修小补，仅就旧版加以校订，配以新书影，庶在保存原貌的基础上，达到图文并茂的效果。

最后，感谢北京联合出版公司、责编张永奇兄一如既往的支持与帮助，江澄波先生及其家人的信任与理解，是大家共同的努力，才促成两书在短期内顺利问世。

己亥岁杪，时疫猖獗，门庭萧索，日以校稿消遣。
越十日，庚子立春，斯役粗毕，因识。李军于吴门声闻室。

图书在版编目（CIP）数据

江苏活字印书 / 江澄波著. -- 北京 : 北京联合出版公司, 2020.9

ISBN 978-7-5596-4461-9

Ⅰ. ①江… Ⅱ. ①江… Ⅲ. ①活字本—印刷史—江苏 Ⅳ. ①TS8-092

中国版本图书馆CIP数据核字（2020）第143738号

江苏活字印书

作　　者：江澄波
出 品 人：赵红仕
责任编辑：张永奇
装帧设计：刘　洋
出版发行：北京联合出版有限责任公司
　　　　　北京联合天畅文化传播有限公司
社　　址：北京市西城区德外大街83号楼9层
邮　　编：100088
电　　话：（010）64256863
印　　刷：北京富诚彩色印刷有限公司
开　　本：880mm × 1230mm　1/32
字　　数：268千字
印　　张：12
版　　次：2020年9月第1版
印　　次：2020年9月第1次印刷
定　　价：68.00元

文献分社出品